Wedding Cakes

婚礼蛋糕

［意］Csaba dalla Zorza　　［意］Margo Schachter　著

孙晓丹　译

中国轻工业出版社

谨以本书献给——

婚礼蛋糕

［比利时］*Bart Van Leuven* 摄影

目录

序言

选一款婚礼蛋糕并非易事，堪比挑选婚礼仪式上穿戴的婚纱同等难度。蛋糕的款式应有尽有，有些与时俱进，也有些经典隽永。如何选出心仪的一款？本书并不以品味为标尺（毕竟每个人偏好不同），而是按应对不同场合的款式风格分类。田园风又或精美风？夏日诱惑还是冬日风情？它应是一款被永久铭记的婚礼蛋糕，将与婚纱、婚戒同样应景地载入结婚纪念册。成功的蛋糕既要将新娘风格表露无遗，又需与婚礼整体风格完美契合，虽劳心劳力，但回报丰厚。因而不论何种选择，都不应草率行事。如果婚礼的气势需要多层、奢华的蛋糕衬托，选用单层蛋糕不免美中不足。不必对蛋糕的层数、装饰或色彩过于吝惜，繁胜于简、浓胜于淡。如果宴请的宾客众多，可以选用多个多层蛋糕（每款略有不同)或者一款精美的巨型蛋糕。当然这并不是全部，婚礼蛋糕也有完备的仪式：蛋糕出场时的背景音乐、切蛋糕的场所和拍摄角度、致辞时的场面安排。此蛋糕非彼蛋糕——它可谓婚宴的顶峰、婚姻生活的起点。愿您尽情地享受它，赋予它您的风格、高雅，甚至一丝张扬！

祝福您……

Csaba della Zorza

前言

用一个随随便便选出的蛋糕来收尾婚宴，就像去看歌剧却中途退场，错过了精彩的结尾。

虽然选择一款婚礼蛋糕并非易事，但寻找灵感的过程通常妙不可言。

在这本书里，我们为您精心挑选了55款美轮美奂的蛋糕，在以下的八个章节分别介绍。我们为八个风格迥异的章节安排了八位灵魂人物，相信他们的婚礼故事会为你们那特别的一天带来灵感。无论是经典的奶油夹层海绵蛋糕，还是用香料和茗茶调味的巧克力蛋糕，都必须拥有现代婚礼蛋糕最关键的环节：完美的裱花。当婚礼蛋糕呈现在宾客眼前，雷动的掌声响起，这一刻，不仅属于新人，也应当属于蛋糕师。因为是他领会了新人的意图，并成功地"定制"出一款独一无二的婚礼蛋糕，才给了这婚礼梦幻的收尾，新人由此开启了新生活的篇章。

从简朴的结婚糕点到时尚的婚礼蛋糕

西方婚礼上对糕点的使用，像其他传统一样有着古老的故事。据说最早的蛋糕出现在古希腊时代。那时的人们将面粉、大麦和盐和成简易面包并包装起来，寓意丰收和富有。当这个婚礼蛋糕的前身被分给宾客，宾客们便将它在一对新人的头顶上掰碎，作为对新人拥有美满幸福新生活的祝福。这个传说还存在另一个版本，那就是婚礼蛋糕的前身最早出现在古罗马，而在古罗马，在新人头上掰碎面包寓意丈夫对妻子的凌驾。可想而知，第一个浪漫的故事更容易被现代人所接受。

中世纪到来后，糖作为十分珍贵的原料，用于提高婚礼面包的甜度。那时的婚礼面包已经与蛋糕很接近了。据说当时的人们把各式各样的甜面包堆成塔状，一对新人将踩在上面献出婚后第一个命定之吻。多层婚礼蛋糕大概就是从这个传统演化而来——婚礼上的蛋糕金字塔堆得越高、花样越多，婚后的生活就越美满。很快地，糖浆也用在了蛋糕的制作上，成果就是声名远播的泡芙塔，或者叫拉丝焦糖泡芙塔，是法式烘焙的代表作。可以说，婚礼蛋糕是在法国人的手中才变得精巧艺术起来。从中世纪到十六世纪末，法国人对婚礼面包做了一番精雕细琢。最终在十七世纪，借着美食文化和法式情结的流行，婚礼蛋糕开始风靡世界。

多层婚礼蛋糕的设计

目前流行的婚礼蛋糕从二十世纪开始成型。首先是盎格鲁撒克逊民族将十九世纪的婚礼蛋糕稍加改进，推出了翻糖包裹的多层婚礼蛋糕。在意大利，这类蛋糕一开始并没有受到重视，甚至直到二十世纪五十年代还被很多新娘认为制作粗糙。然而在第二次世界大战后，多层蛋糕逆袭成为婚礼上耀眼的女皇，备受瞩目、期待和追捧。由此，新兴的专业蛋糕师和设计师开始按新人要求定制多层蛋糕，赋予其特别的寓意，并使其成为新娘礼服的完美陪衬。

可见，一款精品蛋糕的面世少不了一位优秀的蛋糕设计师。

如何挑选婚礼蛋糕

如果说婚礼是新人爱情长跑的甜蜜归宿，那么在婚礼高潮出场的婚礼蛋糕，正是与亲友、宾客分享恋爱故事和柔情蜜意的绝佳方式。拥有一款由专业人士根据个人喜好定制的婚礼蛋糕，并不是公主和富二代的专属。你所需要的，仅仅是清晰的思路和专家的帮助。最重要的，其实是善于在众多建议中选出适合自己的一款。为了在有限的时间内做出正确的抉择，不妨多参考书籍、杂志或者专业网站。

时至今日，多层蛋糕毋庸置疑是最受新人青睐的婚礼蛋糕——因为颜值最高且最具视觉效果而备受欢迎。此外，这款蛋糕可以制作为"迷你"尺寸，用于小型温馨的婚礼；或者大型梦幻尺寸，用来招待200位以上规模的宾客。

盎格鲁撒克逊风格的蛋糕有着经典的金字塔外形：三层或五层尺寸递减的蛋糕摆放在小巧的蛋糕支架上，营造出丰满和空间交替的设计感。

美式婚礼蛋糕通常由几层海绵蛋糕上下叠放而成，并没有特别的造型，但整个蛋糕体被翻糖或奶油糖霜装饰的样子，让人过目不忘。

（奶油糖霜是由黄油和糖打发而成的细腻的奶油）

近来的流行趋势是将多个不同颜色和馅料的蛋糕拼搭起来，组合成一款风格多变的婚礼蛋糕；或者巧妙利用多个杯子蛋糕、一人份甜点等，在"正牌"婚礼蛋糕出场前供宾客随意享用。

传统的婚礼蛋糕其口味和内馅的搭配往往仅限于几个经典的选择，往往只是用在婚礼仪式上撑场面。婚礼进行到高潮，蛋糕切好了，却不能勾起大家的食欲——这真是与婚礼蛋糕在菜单上的主角身份及出场的声势很不相称。

现今的婚礼蛋糕不仅气势非凡，味道也十分惊艳。蛋糕通常从内到外根据新人的要求定制而成。然而个性化的风格多样、搭配万千，常常让新人在心花怒放的同时，又无所适从。

选择一款能让人铭记于心的婚礼蛋糕，需要新人们亲力亲为，从形状、风格、高度，到颜色、装饰和口味一一把关，将蛋糕制作的每个环节打上百分百个性化的标签。

蛋糕立体Topper——翻糖新郎新娘人像

英语中把最后摆放到蛋糕顶部的立体装饰称为Topper。传统意义上的Topper指的是一对代表新人的塑料人像，造型古板。

如今把新郎新娘人像用在蛋糕上，只是众多装饰手段的一种，甚至没有太多的意义。因为人像的使用，经常会破坏蛋糕上的装饰元素，如彩带、花朵和枝叶等所营造出的整体美感。目前最常见的处理方式，是在蛋糕的顶部点缀和整体风格一致的装饰，尽量避免不合主题的配件破坏蛋糕设计师精心打造的艺术品。可以用到的材料有鲜花、水果、枝叶或者杏仁膏装饰品，巧克力和翻糖装饰也很常见。由于

塑料的材质给人以廉价的感觉，我们建议在选择人像装饰的时候，用陶瓷人像或者杏仁膏人像取代塑料制品。我们也希望若新人决定使用人像装饰婚礼蛋糕，请尽早和蛋糕设计师沟通，确保设计师让蛋糕的整体设计围绕人像和谐展开。

如果有人问我："人像装饰还流行吗？"我的回答是"不流行了。"即便如此，如果您喜欢，新人人像Topper仍能作为点睛之笔，用在复古风格的婚礼蛋糕上。

与Topper相对应的、需要仔细斟酌的另一个配件，是婚礼蛋糕所用的蛋糕托盘。由于受婚礼蛋糕尺寸的限制，往往无法使用统一的蛋糕托盘，所以需要量身定做。定做的托盘中，经常见到的是彩带和鲜花装饰过的木制托盘。可想而知，托盘的装饰风格"必须"与婚礼蛋糕的整体风格一致。如果用到的是彩带，那么需要考虑的不仅是彩带的颜色，其材质也不可忽视，理想的选择是使用与婚礼举行的季节相符的材质：在夏季婚礼上使用天鹅绒就不适宜；在都市婚礼或者冬季婚礼上使用拉菲草装饰会有些滑稽。此外，婚礼蛋糕的风格还需要配合新娘的装扮，因为在结婚相册中，总会珍藏一张新娘与婚礼蛋糕的合影吧。

甜品桌（又称甜品自助）

最近有一个婚礼创意很流行，那就是给婚礼蛋糕做配角的甜品桌（*sweet table*）。婚礼随着时代的变化，少了一些正襟危坐的传统礼节，多了一些活泼的派对气氛。在某些婚礼上，甚至取消了正式的晚宴，用下午茶、开胃酒、舞会、早午饭取代。在这些风格相对轻快的婚礼上，甜点由传统正餐后的压轴角色变成派对主导者——优秀的策划必将婚礼推向高潮。

这份甜品自助，或者说婚礼上不同时段里

陆续出场的甜点，并不是随随便便的选择和取而代之的方案，而应该是与婚礼蛋糕的主题相称，统一的风格下不同的外形和搭配。将小巧的甜品、蛋糕、杯子蛋糕或者马卡龙、糖果、饼干和冰淇淋，完美地融入婚礼主题，巧妙地配合婚礼菜单，艺术地衬托（而不是相冲突）奢华的婚礼蛋糕。

回赠礼、欧式喜糖和手捧花

当婚礼蛋糕的难题解决后，我们可以将注意力转移到婚礼回赠礼、喜糖和手捧花上面。婚礼上送给宾客的小礼物，被盎格鲁民族称为"favors"。在过去，回赠礼通常是薄纱包裹的五粒喜糖，用银丝带之类束起。

传统的盎格鲁回赠礼是新人在婚礼上对宾客表示感谢的一种方式。能够作为回赠礼的有很多，例如，印有宾客名字的精美礼盒，婚宴上还可以用作姓名牌，摆放在餐桌上；一份装有喜糖的甜筒；一把欧式结婚伞；一朵鲜花或者一枚胸针等。凡是与婚礼的风格保持一致的回赠礼，都可以考虑。

将一本书（可大可小）作为回赠礼，附上喜糖和新颖的手捧花，或许是不错的选择。杯子蛋糕、小甜品、糖果会很贴心，只需要在包装上多花些心思，尽量出奇制胜。如果想要传统的欧式婚礼，有许多颜色、形状和内馅不同的欧式喜糖可供选择，偶尔也搭配一些葡萄干、蜜饯、巧克力豆、咖啡糖或者开心果糖。

意大利品味的婚礼蛋糕

意大利品味的婚礼蛋糕，虽然是一款盎格鲁风格的婚礼蛋糕，但在裱花和陈列上兼顾了意大利的烘焙艺术：结构紧实（足够支撑多层蛋糕自身的框架）又保持柔软和细腻的口感。常见的内馅是奶油和炼乳夹层，搭配水果、巧克力或者马斯卡彭淡奶油口味。蛋糕的颜色、口感和味道，应随着每对新人婚礼的风格进行调整。在意大利，婚礼蛋糕是由新人展示给宾客的。蛋糕摆放的位置也应该在专门的蛋糕台，而不是婚宴桌上。由于婚礼场地的不同，蛋糕台的位置变化无穷，只需稍花一点心思就能安排得当。万事就绪，婚礼将在切蛋糕时进入高潮。在这个时刻，新娘新郎将并肩出现在他们得意之作的一旁，亲手切下第一份蛋糕，用这个从中世纪就延续下来的传统，揭开他们

新生活的篇章。切蛋糕的程序最终也在婚礼蛋糕悠久的历史中被仪式化了：一对新人用右手握住通常系有绸带的银刀柄，切下神圣的第一刀。在欧洲，新娘和新郎有时会收到刻有其名字首字母的银刀铲作为礼物，而这份贴心礼物通常来自家人、亲密好友或者伴娘伴郎。第一刀的仪式完成后，妻子会将第一份蛋糕端给丈夫，随后按照礼节分配蛋糕：第二份是为婆婆准备的，然后是新娘的母亲，随后依次是公公、新娘父亲和伴娘伴郎，剩下的就由婚礼上的服务生分给宾客。而在不那么正统的婚礼上，等新娘分完第一份蛋糕后，服务生就会接管全局。虽然打造颜值和声势在婚礼上至关重要，但假蛋糕还是能免则免。在美国流行的假蛋糕（*dummy cakes*），指的是只有第一层是可以食用的蛋糕。在新娘新郎把蛋糕第一层切完并分享后，宾客们得到的仅仅是厨房里已经准备好的其他甜食。

风格的确立

相信每个女人都幻想拥有一款装饰精美、奢华、梦幻的婚礼蛋糕。但由于造型、内馅和装饰的不同，有些蛋糕适合大尺寸定制，而有些只能以中小尺寸出现。所以从蛋糕的尺寸入手进行挑选也合情合理。此外，还有两项原则可以作为选择婚礼蛋糕的参考标准。

婚礼举行的季节，既影响蛋糕的外观，又影响对蛋糕内馅的选择。蛋糕的外部，这里指的是裱花和装饰：松果和冰花可以装饰冬季婚礼蛋糕；诱人的巧克力裱花可以用在秋季蛋糕上；鲜花和常春藤适合用在春季婚礼蛋糕；而夏季的婚礼蛋糕可以选择水果（真水果或杏仁膏水果）或者有异域风情的贝壳。另外，蛋糕的颜色也应带有季节的色彩，并保持婚礼的主题风格。唯有曾经最流行的纯白色婚礼蛋糕，才完全不受季节的影响，永葆经典。对蛋糕内馅的选择，需要与蛋糕师一起研究一款可口的搭配。例如，巧克力口味最适合寒冷的季节；水果、清爽的鲜奶油和鸡蛋打发的卡仕达酱，

适合在春季和夏季品尝，冷藏后口味最佳。

其实对蛋糕的选择来说，婚礼的风格同季节一样重要。如果是一场摩登都市风格的婚礼，最适合一款"摩登时尚"的蛋糕，缀满彩带和贵重的施华洛世奇水晶。在一场传统又经典的婚礼上，一款色调可浓可淡的暖色奶黄蛋糕不失为佳作。而翻糖制作的白色花朵，搭配天鹅绒丝带和绸带装饰的蛋糕，将打造出一场魅力非凡的"宫廷"婚礼。如果新人的梦想是在露天草坪上举行婚礼，那么鲜花、常春藤以及所有天然原材料都可以用做装饰婚礼蛋糕和婚礼上用到的甜品。露天婚礼通常以水粉色示人，此时淡雅的婚纱（非白色）搭配一款彩色的婚礼蛋糕称得上绝妙。至于那些渴望拥有与众不同、新奇个性婚礼的新人，何不尝试一下富有戏剧化彩色的蛋糕，泼辣大胆的风格仿佛有着不可拒绝的魔力。它将带你走进索菲亚·科波拉拍摄的电影《绝代艳后》中，法国皇后玛丽·安托瓦内特的宫廷；它夸张，但不过火——恰如其分就是这款戏剧化蛋糕的效果。

经典款　摩登乡村款　当代时尚款　滑稽歌舞秀款

一款独一无二、美轮美奂的定制蛋糕
——势必将这特别时光里的
甜蜜记忆永远封存于心。

第一章
经典童话式婚礼

　　身着白色礼服的新娘，缓缓从婚礼甬道走向神坛，即将说出生命中最有分量的"我愿意"。这是梦想到现实的转变，是将爱情幻化为童话的时刻。这是许多女人在小女孩时就幻想的婚礼，同身旁的白马王子举行一场皇室庆典，拥有一位公主所能享受的一切。最经典的现实变童话的例子，莫过于格蕾丝·凯莉的故事。这位好莱坞耀眼的明星，一夜之间神奇地变身为世人眼中美艳的王妃。她那如梦似幻的婚礼，给了多少人关于高贵和优雅的启发。我们何不也用一场浪漫经典的婚礼，迎接将要到来的生活新篇章，从此过上幸福快乐的生活？

经典又不落俗套的蛋糕，
简约大方、
美轮美奂。
一如一位真正的公主。

如果你喜欢的是一款童话般的婚礼蛋糕，那么你的婚礼应该是浪漫又高雅、经典又难忘的，执着于细节，接近于完美。经典的婚礼拒绝平庸，它不会是每位新娘解锁每场婚宴的万能钥匙。它从历史中走来，拥有与生俱来的翩翩气质，却没有言过其实的肃穆和神圣，它留给了每个人个性化的空间。

这款婚礼蛋糕，就像格蕾丝·凯莉的人生写照——传统与个性的水乳交融。格蕾丝·凯莉生于美国费城的一个中产家庭，她用美丽和优雅征服了无数人，成为好莱坞最受欢迎的女明星之一。格蕾丝在影片中的搭档詹姆斯·史都华喜欢这样评价她"魅力无穷，又无懈可击的真正的女士"，这些影片最后将格蕾丝送到了摩纳哥王子的身边。在《捉贼记》中，格蕾丝演过一个具有预言性的片段，而正是这个影片的宣传活动，创造了她与瑞尼王子相遇的机会。这之后的故事家喻户晓，格蕾丝终于在命运为她撰写的剧本里，出演了公主的角色。全世界都目睹了他们的婚礼。

经典婚礼是一场真实的梦，是一个爱情故事，它点亮最柔情的目光，将梦想的婚礼变为现实：一场在教堂或是市政厅举行的仪式，新娘身着雪白的婚纱，或许还有一个小小的拖尾，在大场面的婚礼上浓淡相宜；披肩的面纱；一束朴素的手捧花，比如摩纳哥王妃选用的山谷百合。

整个婚礼的色调自然是淡雅的水粉色，以奶油或奶黄为基调，粉色晕染到天蓝色，又或从黄色过渡到肉色。婚礼蛋糕也将以这些颜色为准，才能在华丽的婚礼现场不显突兀。在欧洲，十八世纪的别墅、十九世纪末期的宫殿式建筑都是举行经典婚礼的完美场所，而倾心中世纪古风的新人，可以选择有围墙的城堡、建有防御设施的农庄。在所有的场所里，你们需要的是一间绘满壁画的大厅，一张仪式台，整齐安置的宴客圆桌和经典回放的背景音乐。会场的布置、桌子的摆放和通向舞池的甬道都是对婚礼礼仪常识的考验。从宴客菜单到手捧花，每个细节都应精细到极致，而这种极致将在婚礼蛋糕上升华，成就无可挑剔的作品，它将典雅、冷静、真挚自然。婚礼的尾声更需要悉心对待，因为敬完最后一杯酒，新娘和新郎就将开始蜜月之旅，这次他们乘坐的"马车"可不会在午夜十二点变成一只南瓜哦。

格蕾丝蛋糕

带有姓名定制的蛋糕高贵典雅，为婚礼平添一丝王室气质。雪白的色泽、柔和的线条、一圈珍珠饰品和华丽的饰带，这就是与摩纳哥王妃同名的蛋糕界皇后——格蕾丝蛋糕。婚礼上的格蕾丝王妃将高雅演绎到了极致，仿佛是美丽脱俗的维纳斯女神。婚纱上身的全蕾丝设计，从手臂和双肩延续到中式立领。头纱上缀满了名贵的珍珠，下摆处用手工刺绣的爱情鸟图案寓意百年好合。

蛋糕延续了婚礼的风格，将简洁的样式和华贵的装饰合二为一，浑然天成的设计完美诠释了经典的永恒和不朽。蛋糕顶部的一对姓氏首字母并蒂同心，寓意从"我愿意"那刻起，两人将形影不离，白头偕老。

图中的蛋糕按80人份定制而成，但为满足更大型的婚礼需要，可增加蛋糕的层数，并按规则的间距安置蛋糕裱花和装饰。切开的蛋糕呈现精美的色彩对比。64%的瓜亚基尔巧克力海绵蛋糕搭配点缀着可可颗粒的萨巴雍酱的新颖配方，给人以视觉和味觉的美妙冲击。

小窍门

蛋糕由四层规则的圆形蛋糕体简单叠放而成，随后加以适当的装饰。蛋糕外层的荷叶花边，在成型后小心地沿着蛋糕外部，分次分层裱好，同时注意为装饰蛋糕的饰带和珍珠饰品预留位置。位于蛋糕顶部的新人姓氏首字母，可以手工雕刻在蛋糕上，也可用刻有字母的模具印在蛋糕表面。

我的慷慨像海一样浩渺，
我的爱情也像海一样深沉；
我给你的越多，
我自己也越是富有，
因为这两者都是没有穷尽的。

朱丽叶

罗密欧与朱丽叶

这是一款受经典浪漫爱情故事《罗密欧与朱丽叶》的启发而设计的蛋糕。两位心有灵犀的高级蛋糕师，用两套方案设计出了两款尺寸不同、装饰各异的蛋糕。小尺寸朱丽叶蛋糕，用褶裥花边和翻糖花朵装饰。罗密欧蛋糕则是一款按照盎格鲁式传统设计的大尺寸蛋糕，可轻松应对上百人的婚礼。

两款蛋糕用白色作基调，彰显高贵无上。第一款小巧的尺寸，点缀些许象牙色。而第二款大型婚礼蛋糕，色调偏暖。总而言之，两款蛋糕浓淡相宜，完美衬托婚礼的礼服与场地。蛋糕的造型简洁清爽，精致的装饰尽显华贵。

朱丽叶蛋糕上的花朵由白巧克力制成，手工定型花瓣并螺旋式绕圈形成花朵。用翻糖制作的大粒珍珠固定和装饰花朵，再搭配丝绸蝴蝶结。蛋糕的上面两层，使用翻糖打造丝绸的质感，小心绕蛋糕外周形成窄小的褶裥花边。这款小尺寸的蛋糕，非常适合私密婚礼聚会，或者甜蜜的周年庆祝活动。

我借着爱的轻翼飞过园墙，
因为砖石的墙垣是不能
把爱情阻隔的；
爱情的力量所能够做到的事，
它都会冒险尝试。

罗密欧

罗密欧蛋糕的制作与朱丽叶蛋糕不同的是，每一层蛋糕的高度都有所调整，细节体现在顶层蛋糕表面的规则圆点装饰以及交替出现的翻糖玫瑰花和巧克力泥牡丹花。即使尺寸有所调整，罗密欧蛋糕也不会因为精美而显得浮夸，仍会轻松地融入婚礼的氛围中去。

两款蛋糕在内馅设计上各有千秋：朱丽叶的蛋糕体用到了经典的可可海绵蛋糕，夹层是混合了膨化大米的"少女款"草莓慕斯，用了波旁香草籽调味。罗密欧的海绵蛋糕搭配香缇丽奶油夹层，使用少许蜂蜜提高甜度。

正如莎翁戏剧中的人物，这两款蛋糕可谓经典的代表。它外观标新立异，姿态却不温不火。蛋糕的造型圆润、结构规则，加上完美的裱花，使整体设计风格一致、色调统一，既有神圣感，又衬托了奶黄或乳白色的婚纱，满足了新人对一场完美无缺的婚礼的渴求。对一位非经典不嫁，非众星捧月不经典的新娘来说，这两款蛋糕不可错过。

受法国传统糕点启发，
一款简单又浪漫的蛋糕
脱颖而出。

夏洛特夫人

夏洛特夫人是一款浪漫又年轻的蛋糕，它与簇拥糕体的萨伏伊王室的首创甜品——手指饼干一样富有贵族气质；与法国传统的夏洛特一样温文尔雅。它优雅又不失天真，高贵又透着家常点心的朴素。它的外形看似简单，却需要近乎完美的几何学架构和对细节的苛刻处理。

蛋糕的精美之处在于翻糖包面的一丝不苟、丝绸蝴蝶结的整齐划一、手指饼干的朴素和真实。蛋糕的内馅采用保守配方，使用填充马斯卡彭奶酪夹心的咖啡海绵蛋糕。

夏洛特夫人蛋糕适合小尺寸制作，用于温暖、清新的小型婚礼。手指饼干的使用是这款蛋糕的特色，但萨伏伊手指饼干的大小限制了每层蛋糕的尺寸，也影响了蛋糕最终的造型，因为每层蛋糕的高度与饼干长度一致，层数太多会显得气势不足。如有必要，可以通过设计不同内馅和不同翻糖包面的多个夏洛特夫人蛋糕，来弥补层数和高度上的不足。

萨伏伊手指饼干还可以在搭配婚礼蛋糕的甜品自助中提供，也可以特定形式用在婚宴餐桌上的姓名牌，甚至手捧花的设计中。

玛格丽特皇后

一直以来，雏菊都是天真、纯洁和坚贞的象征。这款镶嵌着雏菊的蛋糕非常适合年轻的新人或者在春季举行的婚礼。

全白的多层蛋糕呈塔状结构。蛋糕的亮点为环绕蛋糕体的雏菊装饰以及从蛋糕顶端如瀑布般流淌而下的大小各异的雏菊，整体设计娇而不艳，美而不俗。

雏菊是生长在田间的野花，朴素又谦卑，蛋糕上看似不经意的装饰正符合了雏菊的天性。在意大利，玛格丽特既有雏菊的意思，又是第一位备受爱戴的萨伏伊皇后玛格丽特的名字，她因用了裱有名字的婚礼蛋糕而闻名。

简单朴素可以用来形容这款蛋糕。它的内馅使用了柠檬甜酒制作的卡仕达酱，切开后呈现白色和黄色相间的夹层，如同雏菊的颜色，而由蛋白糖霜打造的花蕊，呈现光泽的银色。对比蛋糕松软的口感，翻糖制作的雏菊花瓣象焦糖一样酥脆，一瓣一瓣地吃下去，仿佛陷入一场甜蜜的花瓣占卜游戏中：爱我，不爱我，爱我，不爱我……

小窍门

蛋糕上的花朵样式新颖独特，由翻糖面团放入尺寸各异的模具制成，并在完成后放入凹形容器中晾干约两天时间，如此得到的花朵形态自然。随后，将花朵按照大小尺寸巧妙又艺术地交错点缀在蛋糕表面，并用蛋白糖霜固定，由此每朵花便得到一个银色花蕊。

白色与银色，
经典和传统的双生子，
在蛋糕设计师的现代语言中
复活。

一款女爵和骑士、
王子与公主风范的蛋糕，
带入一场浪漫城堡中的宫廷婚礼。
它出现在金碧辉煌的大厅中，
时间仿佛停止了流动。

茜茜公主

茜茜公主唤起了大家对哈布斯堡显赫王室的回忆，鲜活了迪斯尼梦幻城堡中的童话故事。

或许这便是每个人梦中想要拥有的曾经，哪怕仅仅一天，也借来享受这款如马蹄莲般美丽高贵的婚礼蛋糕。

这款水粉色的蛋糕素雅高贵，美丽的花朵装饰倾流而下，仿佛堂皇背景之下、艺术舞台之上的一幅画作。置身于中世纪或巴洛克古堡大厅中，蛋糕的每个细节都应化为一条条清晰的线索，引导众人去发现环境的富丽和华美、婚礼的个性与特质。

这款婚礼蛋糕的简单精致，源于花朵和蛋糕体之间高雅和谐的设计比例。蛋糕的结构小巧、方正，用淡黄色巧克力糖膏包面，每层蛋糕由白色绸带包装。花朵的装饰遵循不对称的艺术，由白色巧克力薄片制作的马蹄莲点缀在蛋糕的棱角处。手工塑形的花朵轻薄有致，为大尺寸的蛋糕削减几分厚重。蛋糕内馅的选择可以与蛋糕的颜色搭配，或者使用巧克力、咖啡、烈酒调味。

爱情的经典标志，
　　就是馈赠。
馈赠作为婚礼的主题，
恰恰被封印在这款蛋糕的
　　　蝴蝶结中，
而蝴蝶结的寓意是
新人双方的结合。

礼物

　　馈赠几乎是最古老的传统、最自然的天性，代表着爱情、关爱和分享。给予、接受、交换是婚礼永恒的主题，贯穿整个婚礼。这款婚礼蛋糕捕捉了赠予的灵感，以礼物的形式出现在宾客面前：一个礼品盒、鱼纹盒盖、盖顶装饰蝴蝶结。把三朵翻糖玫瑰花和珍珠作为蛋糕顶部Topper的设计，平添一丝柔美浪漫的女性气质，柔化了方正规矩的现代造型。

　　蛋糕的几何造型中规中矩、比例精确，在宾客人数变化时可以毫无压力地按需加大尺寸。

　　在美丽的外表下，这款婚礼蛋糕隐藏着口味惊艳的内馅：海绵蛋糕搭配混合了脆焦糖的香缇丽奶油夹层。

与结婚礼品
遥相呼应的
完美礼物造型蛋糕

一款能让人叹为观止、
过目不忘的蛋糕，
将在婚礼高潮惊艳登场。

蝴蝶结

这款婚礼蛋糕适合大尺寸制作，也正是尺寸上的优势让其气派非凡。它有着二十世纪六十年代蝴蝶结的优雅，如同大型酒会上男士佩戴的领结那么得体，蝴蝶结婚礼蛋糕专为豪华、考究的婚礼打造，尤其适合气质成熟的伴侣。

雪白的色泽，珍珠和小朵玫瑰的装饰细节为蛋糕的气势锦上添花。它方形的设计和多层的结构，专为百余名宾客打造，唯一的难度是如何巧妙装裱尺寸各异的蝴蝶结。蝴蝶结的装饰讲究对称、精确，环绕每层蛋糕的翻糖珍珠的排列更需要准确无误，因此这款蛋糕需要相对较长的定做时间。从切开的蛋糕可以看到内馅色彩的巧妙过渡：可可海绵蛋糕中点缀着碎杏仁和黑巧克力卡仕达夹层。

风格详述

  经典婚礼蛋糕推崇简洁、规则的造型，倾向采用单一色彩，如象牙白。

  蛋糕的细节风格应规避浮夸的装饰，讲求色调统一。用珠子做花蕊的花朵、同色的精美绸带，像是从祖母的首饰盒里借来的珍珠链，柔美地、优雅低调地装饰起这款甜品。

  经典婚礼蛋糕的风格原则在于稳重大方。不论是传统的圆形蛋糕，还是带有现代气息的方形蛋糕，它们的造型无一不讲究比例和规则。

  蛋糕包面也需要遵循整体风格的基本原则和细节。白色、象牙白和米色最为完美，银色也可以考虑。因为经过悉心地造型后，纯美的银色将尽显传统风范。

  经典婚礼蛋糕的内馅讲求白色、纯度，越少的色彩对比越显雅致。口味讲求正宗：采用杏仁或者柠檬；纯卡仕达酱取代果味。如果想要一点个性，可以添加少许调味酒，让蛋糕口味增加一点成熟和果敢。

白中白

经典蛋糕的内馅通常是传统蛋糕体搭配口味单纯的夹层。下面将列出多层蛋糕的完美内馅配方。

蛋糕体

经典的海绵蛋糕，也可以用杏仁、香草或者朗姆酒调味。颜色选择浅色。使用黄油可以让蛋糕更加坚韧、绵密，至少可以支撑三层蛋糕体的叠放。

夹层

使用黏稠、有质感的卡仕达酱或香缇丽奶油。可以用香草、柠檬或调味酒，如朗姆酒或君度橙酒调味，最好避免采用果味夹层。

使用柠檬蛋黄酱，即加蛋黄打发成奶油状的柠檬酱。

或者考虑使用奶油糖霜和瑞士蛋白霜夹层——这是美式蛋糕的首选。制作方法是将黄油、糖和蛋白打发（参见左图）。

表层面皮

蛋白糖霜是蛋糕最经典的包面，由糖粉、蛋白霜粉和水制作而成。

或者用白巧克力和奶油奶酪制作素雅的外层包面，可为蛋糕增添几分质感。

任意组合

第二章
明星般璀璨

　　谁都有这么特殊的一天，要用独具一格的方式来庆祝。那些宝贵的时刻和难得的真情流露，都值得以最完美、最优雅的方式记录下来，不留遗憾。当玛丽莲·梦露唱道"钻石是女人最亲密的朋友"时，没有哪个男人敢提出异议。

　　婚礼当天值得永远铭记，因此值得为它重现每个梦想的细节：一件镶满钻石的婚纱；珍贵的珠宝；用镜子、银器和水晶装饰过的大厅；从场地布置到蛋糕，一切都金碧辉煌。一生一次，像奥斯卡明星一样与宾客度过梦幻的一晚。

光芒四射的钻石、水晶
和稀有金属，
是明星范儿婚礼蛋糕的
三件法宝，
让这件压轴甜品作为婚礼的
亮点被永远铭记。

如果你心中的婚礼是好莱坞电影里的大欢喜设定，那么你的蛋糕理应自带明星气质，如钻石般璀璨，如稀有金属般耀眼。奢华的它有着金色、铂色、银色的光鲜外表，让它身边的你如同聚光灯下的演员一样美丽。这不正是你梦想中的婚礼么？

唱着"钻石是女人最亲密的朋友"的玛丽莲·梦露和其他女星为奢华婚礼带来了灵感，例如，用宝石和水晶装饰婚礼派对，带来华贵的喜庆感，华丽的外表下显露的是精致的灵魂。

婚礼蛋糕是婚礼主题的亮点，每个元素都应精益求精。从高雅的设计到色彩的运用，从原料到烘焙的工序都要名副其实，毕竟奢华的内涵是一等一的真材实料。蛋糕的内馅力求用心，用新奇、丰富的口味带来不同凡响的美食感受。

蛋糕外表的装饰，或是借用精品时尚、高级珠宝设计灵感的施华洛世奇水晶风暴，或是精巧活泼的专业手工翻糖褶饰。每种选择都让蛋糕像永不过时的高级时装一样脱颖而出。

如果说钻石是女人最亲密的朋友，那么新娘比任何人都更需要它，例如，在婚礼上穿一件镶满钻石的光彩夺目的婚纱，或者一件金银闪光面料的礼服，搭配一套几克拉重的首饰。总而言之，礼服、场地和菜单，以及所有其他的细节打造了婚礼的整体形象——一场都市婚礼、一位奥斯卡巨星的晚宴。

依照传统礼仪，钻石不应在午饭前佩戴，所以婚宴安排在傍晚更加合理。这将是一场按部就班的高水准婚礼：开场盛有鸡尾酒的香槟高脚杯；尽享当地或国外驰名美食的高档晚宴，如松露、鱼子酱和鹅肝；无可挑剔的餐桌上摆放着令人惊艳的菜肴；即使璀璨的银器和水晶也掩盖不了蛋糕和新娘的光芒。

晚宴的高潮理应是切蛋糕。这一刻的新娘新郎将笼罩在闪光灯下，打开香槟酒，斟满高脚杯，宾客们将要品尝一款充满温情的甜品——这便是每场婚礼激动人心的谢幕。

小窍门

这款蛋糕整体和谐美观，方形流畅的线条搭配规则褶饰条纹的设计平添了甜美气质。蛋糕上的褶饰由翻糖薄片制成，并经过反复的揉捏和折叠后被一条条依次贴合在蛋糕表面。

蛋糕的大小适合60位左右的宾客享用，并可以通过添加层数，将体积翻倍。蛋糕托盘用明亮的方形镜面制成，完美地切入主题。

钻石

这款端坐在镜面托盘上的蛋糕的创作灵感来自高级时装设计师马瑞阿诺·佛坦尼（*Mariano Fortuny*）。它巧妙地利用了褶饰的动感，将棱角用绸带装饰，集魅力和诱惑于一身，将经典造型的优雅推行到底。

它精美的三层褶饰艺术，将烘焙大师的神来之笔尽显无遗，毫无破绽的翻糖表面如同布料般轻盈起伏。每层蛋糕上的绸带装饰借用了古罗马长袍上腰带的灵感，与婚纱风格遥相呼应，尤其适合搭配具有王室气质的真丝乔其纱质地的婚纱。

蛋糕上"量身定制"的精美细节是一枚水钻半宝石胸针，它别在蛋糕的装饰绸带上，如同别在一位优雅模特的身畔。蛋糕有着极其华贵的外表，内馅制作的繁复也不输分毫——一款适合冬季享用的白色杏仁海绵蛋糕搭配双层异色榛子卡仕达夹馅。

古香古色的施华洛世奇别针，
是这款蛋糕独特的装饰，
雍容华贵又恰如其分。
钻石恒久远，
一颗永流传。

没有暗淡无光的首饰，
也不应该有暗淡无光的蛋糕。
一款光彩照人的
婚礼蛋糕，
正如最稀有的
金属般珍贵。

铂金

铂金，较银更高雅，比金更贵重，如稀有宝石般恒久。它是高贵的女皇，婚戒上的王者，精致无比却从不招摇。

铂金是最完美的金属，既能作为爱情的明证每日佩戴，又能以婚礼蛋糕的主题出现，为宾客所享用。铂金蛋糕光芒四射，充满未来感和新奇感的巴洛克奢华风格。虽然图片中的蛋糕以仿钢色出镜，金色、青铜、黄铜和铅色也不失为好的选择。总之，蛋糕的颜色需要衬托婚礼的细节，融入婚礼的氛围和场所，如简约时尚或后工业风格场地。

制作铂金蛋糕的关键在于完美无痕的面皮和精确无误的边角处理。完工后可以用可溶性食用喷漆修正蛋糕上微小的瑕疵，打造金属色泽的丝滑表面。

这款蛋糕同样可以通过增加层数来满足大型婚礼的需求。蛋糕的内馅是经典比司吉蛋糕体包裹的椰味慕斯和干椰粉卡仕达夹层，适合任何季节享用。

荷叶边

这款珍贵浪漫的蛋糕作品层次繁复，样式清新脱俗。会"簌簌作响"的荷叶边设计让人不由联想到巴黎国家歌剧院的那些明星们，想到她们层次丰富、蓬松轻盈的薄纱舞裙。这款婚礼蛋糕的造型传统、精致，略显夸张并喜气洋洋，蛋糕顶部考究的花朵与珍珠装饰为整体造型增添几分高贵气质。蛋糕的内馅也同样美貌：核桃比司吉蛋糕体搭配卡仕达酱和黑巧克力夹层，点缀些许白巧克力屑，打造经典冬季甜品。

荷叶边蛋糕的制作工艺耗时、繁复，需要蛋糕师精湛的手工操作，因此蛋糕的尺寸往往受到限制，通常适合50人以下的小型婚礼定制。

小窍门

荷叶边的制作需要将翻糖面团揉成薄片，切成约3厘米宽的条状，并稍加揉搓，打造布料自然褶皱的效果。将翻糖条平放晾干后，便自下而上对蛋糕层层装裱。用手小心地对每层荷叶边造型，并确保造型完成后让翻糖荷叶边有几分钟的干燥时间。

在所有的荷叶边顺利完成后，等待翻糖彻底变干变硬，便得到稳固的造型。

经典和美好是这款精美蛋糕
的主题，
它少女的气质非常适合特别的
生日聚会。

格调

　　这款蛋糕巧妙的外形和用色既有二十世纪六十年代的复古效果和浪漫之风，又充满童趣。简约设计的亮点是巧克力泥制作的精美玫瑰和蛋糕体表面的纵向条纹，值得注意的是条纹之间需要保持绝对的平行。

　　白、蓝两色的鲜明对比提升了蛋糕对制作细节的要求，不论是色彩或者条纹的规划都需要分毫不差。小心贴合在蛋糕表面的巧克力泥条纹粗细相间，为整体设计增加了动感。

　　蛋糕为最多50人左右的小型聚会设计，因为有限的尺寸才能保证整体设计的和谐雅致。蛋糕的内馅和手工打造的花朵、蝴蝶结都不耐高温，所以请选择凉爽的季节定制这款蛋糕。

小窍门

　　圆形的蛋糕造型简约大方，裱花装饰与众不同。蛋糕表面规则的菱形印纹来自手动花纹滚轮，并在装饰过程中遵循了恰当的距离比例。翻糖面皮的厚度应保持在4~5毫米以上，才能确保菱形印纹的清晰鲜明。蛋糕顶部的蝴蝶结由白巧克力制成。制作过程是通过模具完成巧克力彩带后，手工打造蝴蝶结造型，最后用翻糖珍珠制作小型蝴蝶结珠链。

蒂凡尼

　　蓝色蒂凡尼经典色和小巧的造型让这款蛋糕以珠宝盒外观惊艳出场。它重现了美妙难忘的订婚时刻，带新人重温了接受订婚戒指的梦幻现场。蒂凡尼婚礼蛋糕是对过去的真情讲述，是与宾客的慷慨分享。

　　蛋糕的体积为40人左右的小型私密聚会设计，同样适合正式的订婚晚宴。单层蛋糕体采用经典蓝色，搭配翻糖制作的白色"盒盖"。整件作品用规则和精致的菱形印纹装饰，顶部柔美的蝴蝶结完美装点了造型。海绵蛋糕如同一款精美的礼盒，包裹着夹杂酥脆焦糖的香缇丽奶油，给宾客带来出其不意的惊艳口感。

当婚礼以纯白为背景，
婚礼蛋糕也必像冰花般晶莹，
如雪花般完美。

水晶

　　这一款适合冬季品尝的婚礼蛋糕像钻石般耀眼，将婚礼点缀成独特的冰雪之境。自带寒冬魔力气质的蛋糕设计高雅，晶莹剔透的冰花细节独具一格。以冰糖为原料的雪花装饰，经手工打造出雪白晶莹的效果。蛋糕的内馅——撒有意大利杏仁酥（*amaretto*）的八角口味卡仕达夹馅，如同*Algida*冰淇淋般爽口。

　　蛋糕造型纵向延伸，营造雪山般高耸入云的意境。厚度仅几毫米的雪花手工点缀在蛋糕体上，薄如蝉翼、仿若蕾丝。

　　以蛋糕为基调，婚礼的色彩可从雪白和天蓝入手，同样延续到婚宴桌和装饰细节用色，甚至和新娘的婚纱保持一致——一切简洁大方、清爽流畅。

　　婚礼仪式桌可以用冬季花朵装饰，连手捧花、菜单、前菜和蛋糕内馅也需要遵循婚礼的色彩代码——白色。

风格详述

　　明星范儿婚礼蛋糕的气质在于每个微小细节都彰显着它的华贵、精致和与众不同。也许"独特"这个词可以描述这类蛋糕：专为新娘量身定制的别具一格的创意作品。蛋糕的装饰风格取材于时尚，比如凸显金属质感或白色的亮丝带；用来提高亮度，增加诱惑力的施华洛世奇水晶；白巧克力和翻糖打造的褶皱装饰如此精美，堪比最华丽的面料；镜子、银器、白色花朵和大钻石是明星范儿婚礼蛋糕的完美搭档，在婚礼晚宴上与新娘光彩夺目的礼服同台，相得益彰。

　　"奢华"是这类蛋糕风格的定义——个性鲜明但不张扬，有分寸有风度，不卑不亢。在这类蛋糕的周围可以尽情地搭配钻石、银钥匙、真丝绸带、蝴蝶结、水晶和胸针等而不显突兀，新娘也顺理成章地昂首出演一回好莱坞影星。

亮白如雪

貌美无价的蛋糕应配以讲究、别致的内涵带来味觉的巅峰体验。蛋糕的表层可以包裹口味平实的金属色泽糖皮，或者用细腻的巧克力涂层打造精致口感，再配以胸针、翻糖裱花等装饰。

蛋糕体

推荐采用榛子口味，或八角、咖啡口味的比司吉蛋糕体。如此特别的蛋糕，如果使用水果或果酱口味的内馅会略显平庸，而配之以椰味或杏仁，会让第一口的滋味出奇制胜。

蛋糕夹层

用经典的奶油霜做夹层，只需少许附加原料调味，如核桃搭配榛子酱，或者微苦、提神的抹茶口味。还可以尝试添加些许烈酒，如经典的伏特加或者特别的法国茴香酒。

表层面皮

使用巧克力凸显华丽蛋糕的高贵气质。在黑巧克力或牛奶巧克力中加入食用色素，让蛋糕呈现金、银或青铜的金属光泽。

任意组合

第三章

白&黑

　　黑白背景的婚礼，一如电影中的明星和爱情故事般隽永，一如高定服饰和二十世纪潮流女性般高雅。黑与白，正如前卫设计上用到的对比色，永远被载入了史册。这段时尚历史打上了迪奥和香奈儿的烙印，铭记着奥黛丽·赫本的灵动和跳脱——她精致干练的着装和出挑又内敛的形象，在我们心中不断闪回。以黑白为主题的婚礼是一场永不褪色的经典，它让人回想起喧嚣的二十年代、充满诱惑力的三十年代以及无忧无虑的六十年代，白色与标榜个性的纯黑色搭配，新颖、不俗。就请你们从童话式的婚礼城堡中走出，进入黑与白的传统世界吧。

黑与白的相遇，
就是最浪漫的爱情故事。
个性的婚礼蛋糕，
如同黑白配般经典。

如果你想为自己的婚礼寻找一款有个性、有风格、有涵养的蛋糕，摆脱有点矫情的浪漫光环，那么你的蛋糕最好是黑白搭配。一款别具一格的婚礼蛋糕，将拥有黑色带来的优雅气质，巧妙地掌握形状和色彩之间的搭配平衡。一场耳目一新的婚礼，需从邀请函做起，入微到婚纱和仪式的每个细节、布景，乃至婚礼蛋糕。

不是所有的女士都梦想成为灰姑娘，也不是所有的男士都希望做白马王子，但我们都希望能找到可以托付终身的灵魂伴侣，而这并不一定需要童话般的故事情节，当然也无需抛弃自己的风格，特别是像奥黛丽·赫本、可可·香奈儿和露易斯·布鲁克斯所拥有的那样鲜明的个性。这些时尚界的代表人物，大胆地抛弃旧习的陈词滥调，她们的新意、独立和女性意识到今天都仍被大众模仿，经久不衰。她们全新的生活理念，也在这款黑与白的婚礼蛋糕上体现出来，为新人打造了与众不同的形象，让新娘在这意义深远的一天里，尽显独立、现代和都市气质。

香奈儿本人常这样评价"奢华"一事，"它无关繁复和光鲜，它只是不落俗套。"这次就让优雅的黑色变作一条纽带，贯穿整场婚礼仪式，点缀婚礼蛋糕，烘托婚纱和布景。用经典而不浮夸的创意、完美的造型和色彩比例，打造一款浑然天成、内敛沉静的蛋糕。

蛋糕的基调自带黄昏和夜晚气质，不适合春夏和清晨时光，却与《了不起的盖茨比》中盛大的晚宴或者随意率性的"摇滚伦敦"聚会毫不违和：小零食、国际风味菜单、男士们的雪茄、二十世纪二十年代的辉煌建筑或简约、纯白的现代场所。在这个氛围下，黑色这看似小而不言的细节，偏一点男性化，带一点夜深沉，却是让婚礼有款有型的决定性元素。

一款婚礼蛋糕穿上了一件
经久不衰的黑色礼服，
一袭上层社会的精致着装，
尽显大银幕的魅力。
此时此刻，
黑色与玫瑰相遇。

奥黛丽

　　一款简约大方的蛋糕呈现的是高雅的格调、考究的细节——造型精美、气势不凡。蛋糕的线条简单柔和，极简设计的蛋糕体上点缀几处精妙的细节，繁简得当、美观大方。黑色的绸带与色调柔和的花朵形成对比。裱花大小有致，点缀甘草口味的黑色珠饰，打造独特的外形与口味。完美的婚礼设计可以巧妙利用蛋糕的提示，将相似的花朵装饰用于婚纱或新娘头花，或将与蛋糕上装饰相近的黑色绸带用于礼服的配饰，或更简单地用于手捧花的系带。

　　正如奥黛丽·赫本刷新了大银幕上的美丽和魅力形象，这款奥黛丽蛋糕将刷新大家的婚礼蛋糕体验，将一款个性十足、颠覆经典的蛋糕呈现在面前，作为对优雅的全新诠释。

追赶潮流的意义
是走出潮流：
潮流易逝，
风格永存。

香奈儿

　　两款造型动人的蛋糕精彩出场。一款向香奈儿小姐致敬的婚礼蛋糕，点缀了香奈儿的招牌细节，个性鲜明。从这款蛋糕你会联想到小黑裙、双色鞋、2.55号真皮手包这些经典的香奈儿元素。蛋糕上添加的珠宝装饰，为婚礼增添不同凡响的"珠光宝气"，每件配饰都可以为婚礼所用，打造独一无二的风格：纯白的茶花拥有完美的圆润造型，没有尖刺和刺鼻香气的它，非常适合别在西装上作为胸花；成串的珍珠，用于项链或手链装饰。

　　五十多年不褪色的时髦风，汇集于这款线条流畅的婚礼蛋糕。

　　蛋糕上的对比色印证了香奈儿设计师的经典风格，环绕蛋糕的绸带营造了平行线的视觉效果。蛋糕体使用了荧光白色翻糖层，衬托着深蓝色饰带，光滑的丝绸质感完美营造夜色中巴黎咖啡馆的深沉气氛。

　　第一款多层蛋糕的体积庞大，造型的新颖之处在于最后一层蛋糕体同时用于顶部装饰。蛋糕表面的装饰交错有致，其中一层蛋糕表面

的香奈儿经典菱纹是点睛之笔。虽然图中蛋糕为130人左右的婚礼设计，在宾客增加的情况下它也不会让你失望，只需增大每层的蛋糕体积并增加几朵茶花装饰。

第二款蛋糕造型规则，三层蛋糕体比例均衡、精致完美，装饰的波卡圆点绸带为蛋糕带来几分活泼的气息。此款蛋糕为大约50名宾客设计，可以在需要的情况下将体积加倍。

为了避免卡仕达夹馅影响蛋糕纯白的翻糖包面设计，建议使用纯白内馅，比如柠檬口味的海绵蛋糕搭配苹果酱和肉桂内馅，四季皆宜。

小窍门

白色茶花由翻糖制成。条状翻糖膏由内向外绕圈形成花朵造型，大小随意。花朵造型完成后，将花瓣边缘略微弯曲，打造丰满的效果。花蕊可使用简单的珠子造型。

几何图案和礼品风、
清爽干脆的未来感线条
——每个元素都玩起了
对比的游戏，
共同打造了这款极简、时髦的
婚礼蛋糕。

视觉游戏

这款点缀了鲜明、流畅线条的蛋糕，颇有将太空元素带入时尚舞台的库雷热大师的风格。蛋糕上的线条整齐有序、分毫不差，顶部交缠的对比色饰带颇具时尚感，让"精致温婉"的造型直指人心。这款蛋糕典雅造型的诀窍在于使用了黑色的饰带：饰带的装裱严守美学标准，黑与白的间隔要如太空工程般计算得毫厘不差，装裱的位置也应事先在蛋糕体上标出，以减少误差。婚礼蛋糕上用到的几何构型可以作为婚纱的设计理念，表达时髦的极简主义和一丝不苟。跳出经典的条条框框，来一款剪裁干净利落和线条完美的婚纱，打造前卫、时髦风格。

法式时尚范儿或标榜五十年代
风格的波卡小圆点，
将成为这款精致的纯色蛋糕上
亮眼的装饰。

波卡圆点

　　波卡圆点与著名的波卡舞同名，源于十九世纪末，随后在二十世纪五十年代为明星和女神们所爱，成为时尚的标志。波卡圆点长盛不衰，这次出现在蛋糕上，使用同色的糖霜圆点，打造别具一格的外形。

　　从二十世纪八十年代设计师卡罗琳娜·海莱拉开始，波卡圆点在时尚界的运用达到巅峰，如今对于情迷时尚的新人来说，波卡元素的出现可谓应时应景。当然，曾经的波卡风服饰上常用的黑、红和蓝色对婚礼来说太过饱和，所以蛋糕的设计抛弃了浓重的色彩对比，转而采用了圆点在蛋糕上的立体造型。成品效果干净、简约，只需随意点缀几条丝带装饰。

　　纯蓝、红、黑色的丝带可以为波卡蛋糕增添一丝活泼的变动。这款蛋糕设计灵活，体积可大可小。仅仅需要留意的是糖霜圆点的装饰，即使在较大面积的蛋糕上也应保持其尺寸和间隔的完美协调和一致。

黑色领结

从秀场作品——看来，黑色的婚纱也屡见不鲜。这两款婚礼蛋糕就以特殊的烘焙创意，大胆响应了独具一格的着装风格。如男士吸烟装、晚礼服一般优雅的黑色，将为婚礼打上特立独行的印记，为大家带来最震撼人心的婚礼收尾。黑色既可以作为整个婚礼的基调，也可以用作经典素雅的婚礼主色的强烈对比，彰显个性。

两款黑色领结蛋糕营造晚宴气氛，适合冬季享用，毕竟蛋糕上的翻糖和装饰不耐高温。色调的暗沉，让蛋糕略有哥特风格，但蛋糕上的浪漫纹理、丝带的使用和淡色系巧克力泥花朵的点缀为蛋糕增添了几分柔美。蛋糕的内馅与蛋糕色调形成对比，算是婚礼上的另一个惊喜。黑巧克力海绵蛋糕，搭配朱红色的白巧克力卡仕达酱与糖渍樱桃酱夹层，或者搭配紫红色的浆果果酱。

小窍门

全黑色的翻糖覆盖在蛋糕上，翻糖上的装饰由蛋白糖霜按照饰板的花纹手工描绘而成，或者使用硅胶印模。蛋糕的黑色之所以如此均匀光亮，是经过喷或刷透明食用漆的处理工序。最后一道细节，是用丝带环绕每层蛋糕，并用一朵奶黄色、肉色或旧粉色的巧克力泥制作的花朵点缀。

一款有趣和不正统的蛋糕，
恰似一件迷你裙。

迷你玛丽

这款蛋糕最衬少女心和小型婚礼。作品小巧精致，气势完全不输大型婚礼蛋糕。对那些不喜欢多层蛋糕，又不甘于平庸的"另类"新娘来说，它便是不二之选。

蛋糕的内馅是百利甜酒卡仕达馅。它虽然体积小，有棱有角的方形外观在制作时需要一丝不苟的态度和深厚的功力。这款蛋糕不失为小型私密婚礼的佳选，或者出现在一份精致、用心的甜点自助餐上，由多个小方形点心拼成方阵，模拟大蛋糕切开后的情形。

迷你玛丽婚礼蛋糕就像设计师玛丽官的迷你裙一样，让人联想到摇滚伦敦那段青春沸腾的岁月，联想到崔姬的新式优雅，联想到意大利的迪斯科老店*Piper*里无数个狂欢的夜晚。它是一款充满活力的蛋糕，适合一场掀起裙摆、奏响乐声的年轻婚礼，一场真正的派对，一段生命中最美好的时光。

假小子

两款蛋糕时髦的设计意味深长，饱含二十世纪的喧嚣气息，将那个以长珍珠项链和鸵鸟毛标榜泼辣高贵的时代尽显无遗。蛋糕的每个细节风格鲜明，表白新娘崇尚复古的态度，恰似一位迷人的摩登女郎向宾客发出的快活的邀请，来分享大胆挑衅的细节和黑白对比的雅致。

两款造型相近、装扮有致的蛋糕凸显了同一个主题。第一款利用了蝴蝶结丝带的细节，效仿了曾经的帝国时尚，即高腰剪裁中的腰带装饰，其次是特色花朵装饰。第二款蛋糕则汲取了折扇和女帽的羽毛灵感，以及蕾丝和经典手包的钉扣布艺细节。如此这般，无需平铺直叙，仅几个精妙复古的装饰点缀就令时尚与烘焙无缝对接。蛋糕或与婚礼的细节呼应，把音乐、场所统统纳入复古设定，或者作为一个标新立异的细节，出现在传统布景的婚礼之中。

小窍门

第一款蛋糕的立体花朵装饰形成荧光白花色，细节巧妙。花朵由白色和染成黑色的翻糖制成，刷了食用漆保持光亮感。第二款蛋糕采用了仿布料设计，高度适中，菱形图案精巧完整。蛋糕的内馅也如同其外表一样有新意，使用橙子酱搭配膨化米粒，或者使用白朗姆酒配美味杏酱。

marissa and weston

Togheter with their parents

REQUEST THE PLEASURE OF YOUR COMPANY
AT THE CELEBRATION OF THEIR UNION

Tuesday the fifteen of december
twothousand and eleven
half past four o'clock in the afternoon

SHADYSIDE PRESBYTERIAN CHURCH
91 WESTMINSTER PLACE
GO, ILLINOIS

www.cakecouture.it

风格详述

　　黑与白的婚礼蛋糕拥有毋庸置疑的魅力和高时髦指数，这也归功于夸张又精妙的细节装饰。蛋糕的设计灵感来自少而精的时尚元素，比如镶满水钻的迷你手包、丝绸或欧根纱蝴蝶结，白色或黑色的大朵茶花。

　　蛋糕上装饰丝带的材料首选布料，同样的风格可以在请柬或手捧花上重复使用。波卡圆点可点缀小型精巧的蛋糕，也可用在装饰婚礼的布料上或者赠送宾客的小块甜品上，提高观赏度。

　　时尚的菱形花纹需要蛋糕上对比细节的衬托。翻糖或巧克力都可被巧妙用于打造条纹、横纹、菱纹或其他几何图案，呈现精确利落的美感，而交错点缀的大朵花卉的使用，为造型增添几丝柔美。黑色并不是婚礼上平庸的细节，它带来全新的审美，出现在胸花、腰带、花边上来点缀婚纱也别有意境。如果你是意大利时尚的痴迷者，那么黑色蕾丝会为你带来意想不到的惊喜。

黑樱桃

一款高雅又个性的蛋糕，内馅的搭配也绝不敷衍，打造不同凡响的口味。

蛋糕体

可以选择比较新颖的口味，如开心果、巧克力或者八角。浓郁的口味需要搭配紧实的口感，所以比起海绵蛋糕，这款更适合使用白巧克力和红糖调味面糊。适当的烈酒也可为这款口味轻盈的蛋糕带来惊艳的效果。

夹层

经典的白色细腻的奶油乳酪糖霜，可选择野樱桃酱调味。可以与巧克力面糊契合的口味通常是梨酱和酸橙或香柠檬凝乳。

表层面皮

使用黑色或加了其他食用色素的翻糖包面，为蛋糕打造双色的戏剧效果。如果内馅是水果口味，外层可考虑使用白色杏仁膏。

任意组合

第四章

草地上的午餐
与马奈的名画同名——译者注

　　将华丽的婚礼仪式桌安置在一片英式草坪上，意味着筹办一个美国总统夫人杰奎琳·肯尼迪（原名杰奎琳·李·鲍维尔）式的婚礼，或在意大利托斯卡纳的山丘之间的农庄里、农家乐甚至农家花园里筹备返璞归真的乡村风格婚礼。在春天或者夏日举办的婚礼，就多了一项户外婚宴的选择：以乡村风光为背景，与大自然亲密接触，将鲜花、绿叶、应季水果拿来装点婚礼，甚至裱满整个婚礼蛋糕。一席室外的午餐、一场周日的聚会、一次简·奥斯丁的户外茶饮，专为那些倾心天然、时尚的新人打造一场简单纯净、自然环保的婚礼。

春季的室外婚礼，
绿意盎然的风光下，
一款值得珍藏的蛋糕设计。

点缀着些许天然植物和鲜花、线条简明的婚礼蛋糕，给人以从田间信手拈来的错觉。

大自然简单、完美的主旋律将贯穿草地婚礼的始终，包括天然款式的婚礼蛋糕，用新颖的方式与宾客度过充满传统仪式的一天。户外的婚礼将营造轻快和舒缓的氛围，给人以充分享受室外时光的机会。拱门下的午餐、草地上的仪式桌、亲友满座的野餐、简·奥斯丁风格的五点下午茶或者延后的早餐，这些都是经典婚礼新颖、简洁的版本。此时此地，尤其当正式的圆桌婚宴已被随性的自助餐取代，婚礼蛋糕的角色就显得尤为重要。我们见证的将是一场仪式感与随意性无缝对接的完美婚礼。花园或者说户外婚礼是盎格鲁风格和地中海魅力的组合，婚礼的要素将是一个美轮美奂的英式花园或者如假包换的田园农庄，白色帐篷下围坐的亲朋好友、脚下的草地、白色的礼服与周围的绿色草地相映生辉。最好的例子就是几张黑白照片上记录的约翰·菲茨杰拉德·肯尼迪与杰奎琳·李·鲍维尔的魅力婚礼——他们按照美式传统，在2000名宾客的注视下，于罗德岛上的私人农庄中结婚。在意大利，田园婚礼同样有其历史渊源，是需要发扬而不是丢弃的传统，虽然细节可以从当代视角出发进行调整。

在意大利，不论你是在但丁生活过的托斯卡纳，还是科莫湖的一隅，还是丽日下普利亚大区的农庄，又或是一个小小的农家乐，婚礼蛋糕都必将是这场春季宴会的压轴角色，蛋糕上的核心装饰是花朵、绿叶和水果。因为其他的一切，都将在这阳光、清新的氛围下显得冗余。

杰奎琳

杰奎琳蛋糕，昵称杰姬，是一款从盎格鲁女帽中汲取灵感而制作的蛋糕。女帽作为柔美的女性化象征，曾深受第一夫人和皇后们的喜爱，常常作为大型聚会的重要配饰出现。每个有修养的女士是无法忽视女帽的力量的，它对于女性而言，是对精致自我的独特陈述。但需要注意的一点规则是：只有在新娘的母亲佩戴了女帽的情况下，其他女宾才能佩戴。

这款蛋糕的另一个独特设计是每层蛋糕有明显的高度差，几乎特意重塑了礼帽的外形。蛋糕的色彩则取材自然，使用了鲜活的粉色和绿色。就婚礼主题角度而言，蛋糕上的绿色可以说呼应了草地的布景，而粉色也可以安排在手捧花中作为构思巧妙的细节，或者用在中央桌饰上，又或是零散地点缀在环绕宾客的布景——英式花园里，或者19世纪的优雅庄园中。绿色，同样可以出现在蛋糕的内馅里，使用开心果慕斯，搭配卡仕达酱和西西里*Bronte*的开心果碎屑，是适合全年享用的美味。

小窍门

这款蛋糕造型经典，是小型婚礼的佳选。一条绿色的缎带修饰蛋糕边缘，而裱花则点亮整个设计。添加了粉色食用色素的巧克力由手工塑形，打造白色的翻糖蛋糕上大小有致的花朵。蛋糕上搭配的同色叶片由专用印模制成，随后手工塑形打造柔软质感，最后装裱在蛋糕体上。

代表着爱情宣言的蛋糕，
也彰显着对自然万物的博爱
——简单、环保、时尚。

花神弗洛拉

　　弗洛拉，这位神秘的春季女王和花之女神，将赋予这两款简单、精致的婚礼蛋糕其神圣的名字。婚礼蛋糕上装饰着婚礼开始前采摘的鲜艳多姿的花朵，在保持了原汁原味的同时，给人以品味、热情和亲切的美感。这两款蛋糕没有过多的修饰，仅用简单的盘旋而下的花朵就展现了田园风光中精巧细腻的一面。它们为田园风格的婚礼而设计，适合家庭氛围的聚会，充满田园诱惑和生态情结。我们可以把这款设计用当今的环保时尚风格定义：聚焦自然美感，关注再生资源。

　　蛋糕的装饰设计刻意避免了使用人工配饰，在规则的蛋糕体上点缀了盘旋而下的鲜花。花朵的选择可以考虑田间常见的小朵鲜花，如牡丹或绣球花，也可以使用与婚礼用色相搭配的应季花朵。当然，颜色较为鲜艳的花与纯白的蛋糕体搭配更加相得益彰。蛋糕的内馅采用自然色调与细腻口感的搭配更加符合田园主题，也符合一款下午甜点的优雅气质：经典的海绵蛋糕，搭配白巧克力卡仕达酱和饼干碎屑。

新诗蛋糕

在三世纪末的托斯卡纳，新体诗带着崭新的美感、韵律和词句席卷整个意大利。但丁诗歌、美丽的贝阿利彩和宫廷爱情是这款蛋糕的三个主题，尽显托斯卡纳但丁风格和自然风光的水乳交融。蛋糕的构型简单明了，用定型后的巧克力泥代替插花，让烘焙艺术结出诗意的果实，这才是与天使新娘般配的蛋糕。四层蛋糕被精致的翻糖叶片环绕，素雅的绿色可与任何婚礼主题色调完美相衬。

唯一的色彩对比便是黑巧克力制作的花苞，为婚礼增添了一丝森林系风格。新诗蛋糕适合全年在中世纪小镇或小酒庄中举行的慢节奏婚礼，伴着风中摇曳的百年橄榄树和柏树。夏天版的蛋糕，可以考虑使用添加了桃子和核桃卡仕达馅的千层酥皮。而秋天版的蛋糕则考虑使用应季特产，如杏仁海绵蛋糕搭配圣酒（*vin Santo*，甜酒的一种）卡仕达馅。

小窍门

翻糖包面的四层蛋糕可以由宾客人数决定体积大小，或者添加层数。由蛋糕上层低垂而下的管状巧克力，惟妙惟肖地描绘出植物攀附的形态。盘旋而下的叶片由经过专用模具定型的巧克力制成，并根据蛋糕设计图"嫁接"到巧克力的根茎上。画龙点睛的一笔，是用大小各异的巧克力球装点在叶片之间，打造出花朵含苞待放的姿态。

纯白的蛋糕，
为时尚的海岸
带来当代气息。

蝴蝶兰

　　蝴蝶兰因为它精美的外形和花语——爱情永恒，始终是婚宴上最受喜爱的花卉之一。它经典隽永的美韵用来装饰典雅非凡的婚礼蛋糕和纯白婚礼布景，可谓神来之笔。在翡翠海岸或地中海乡村的豪华度假酒店中举行的别致婚礼，将因为这款风格经典的蛋糕及其设计与自然的完美融合而刷新大家对奢华的认知。蛋糕用简单的线条烘托主角蝴蝶兰的天然长势。方形的蛋糕体比例均匀、高度一致、表层完美、绸带装饰一丝不苟，点缀在边角的蝴蝶兰以蛋糕为基座顺势而下。蝴蝶兰花朵由巧克力泥手工制成，完成后将花蕊上色。蛋糕的内馅可以使用斯佩而特小麦比司吉蛋糕体搭配香缇丽奶油馅，并掺入少许*Mirto*甜酒。

兼具天然构型和当代设计的蛋糕，
复古又现代。

农庄蛋糕

简单大方的园艺花卉与纯巧克力的组合，确实是婚礼蛋糕上两个不同寻常的装饰元素。农庄蛋糕采用了独特的烘焙创意，在采用了传统蛋糕圆形设计的同时，用奶油巧克力管完全覆盖三层海绵蛋糕的侧面。绿色绣球花点缀在蛋糕顶部和每层蛋糕的侧面，简洁的韵味与繁复的构型相得益彰。

花朵、巧克力和蝴蝶结绸带的搭配细节赋予了这款蛋糕精致的美韵，成就一场田园春季婚礼的典范。独领风骚的气质让人联想到普利亚乡村十八世纪的风光农庄——精致的石头房刻进四周绿色的画卷中。

由于使用了巧克力管装饰，蛋糕的体积受到限制。大型蛋糕将会增加制作的工序和难度，延长制作过程。蛋糕上用到的绿色绸带除了起装饰的作用，其实也有着保持蛋糕结构紧实的实用意义。

草地上一席早午餐，
婚礼蛋糕备受期待，
高调出场、
完美共享。

草地上的午餐

  对待随意、简约的中午或下午场婚礼，婚宴策划也倾向于简单而细腻的风格，由此婚礼蛋糕的身份也格外显赫，成为婚礼简而精的主打。这款蛋糕的名字就透露了婚礼的地点，在这场花园或静谧湖畔的婚礼上，切蛋糕的环节应与和宾客告别的收尾场面区分开来，让蛋糕真正成为一份主宾共享的宴后甜品。这款为约50位宾客准备的蛋糕分为高度统一的三层，传统的圆形蛋糕造型整个被薄荷色的巧克力覆盖。蛋糕的内馅也与婚礼的主题接近——柔软的海绵蛋糕搭配猫薄荷卡仕达夹层。蛋糕"草地上的午餐"拥有简约的设计、实在的口味，色彩上更鲜活，而造型上更传统、讲究比例。

十九世纪的英式风格，

五点整的下午茶。

艾玛

　　这款浪漫的、经典的、春季版婚礼蛋糕，用一袭十九世纪的英伦风，为所有人带来了让无数女人着迷的简·奥斯丁版的浪漫。简·奥斯丁的婚礼是一场传统的英式婚礼、一场设计精巧的维多利亚式婚礼，婚礼的田园设定尽显高贵、涵养与真挚。蛋糕上如刺绣般精致的立体裱花，经典雅致。蛋糕的内馅是杏仁比司吉蛋糕体搭配树莓果酱，可谓下午五点的完美茶伴侣。两层高的圆形蛋糕，为50人左右的婚礼准备。精美无比的裱花由硅胶印模造型，糖珠点缀完成。裱花结束后在蛋糕顶部装饰绿色绣球花，成就和谐、流畅的设计外观。

一款地中海式的
婚礼蛋糕，
伊甸园式的
鲜果盛宴。

伊甸园

　　在美丽的国度意大利，几个盛产水果和花
朵的城市常被形容为人间天堂。用阿玛菲海岸
的橙子和柠檬、西西里岛的糖渍鲜果或杏仁膏
水果来装点地中海式婚礼蛋糕，可谓水果的饕
餮盛宴，或真或假的水果都将在此独领风骚。
马尔托拉那水果（杏仁面果）是西西里的当地
特产，用杏仁面加糖手工捏制成水果形状后，
用毛笔上色，口味甜美而独特。当然，精致的
手工水果完全可以用应季鲜果取代，随意地摆
放在每层蛋糕的边角处。方形、高矮不一的蛋
糕造型方便不同形状的道具进行点缀。蛋糕的
内馅是经典的海绵蛋糕，搭配杏仁奶卡仕达馅
和水果果粒。

一款激情似火的蛋糕，
红色的绸带呼唤
爱情的烈焰。

红宝石

爱的火红特别适合一款"拉丁"风情的蛋糕，会让它像探戈一样成为浪漫和激情的代表。这款为百余名宾客设计的多层蛋糕简单大方，唯一的耀眼之处就是它的用色，像它的名字一般火红。

婚礼的主题色将体现在手捧花的玫瑰红色上，体现在婚纱的细节设计、场地的布置以及蛋糕上装点的绸带上，甚至蛋糕的内馅上，如巧克力海绵蛋糕搭配樱桃慕斯，点缀糖渍樱桃粒。蛋糕的高度和每层的比例讲求一丝不苟，唯有细节上的严谨，才能保证风格上的别致和摩登。蛋糕每层的绸带装饰彰显了个性，而绸带宽度的限制避免红色的厚重影响蛋糕整体的美感。蛋糕顶部的蝴蝶结，使用红宝石和钻石的搭配，为这款蛋糕打造了独一无二的时尚风范。

& manuela
davide novares
menu

Aperitivo
SPUMANTE PROSECCO CON BUCCIA ... ANCIA E
SPRUZZATA DI GINGER

Antipasti
CRÉPES CON MOUSSE DI FORMAGGIO
SFORMATINO DI RADICCHIO
CARPACCIO DI PESCESPADA

Primi
LASAGNE LIGHT CON RAGÚ DI SELVAGGINA
RAVIOLI DI CERNIA IN SALSA BIANCA
TAGLIATELLE AL CAVIALE

Secondi
TAGLIATA DI CARNE CON CARCIOFI
ROAST BEEF CON CREMA DI PATATE
PESCE AL SALE

Contorni
INSALATA CON MELOGRANO E NOCI
PATATE ARROSTO E VERDURINE
SOUFFLE DI FORMAGGIO FRESCO

Dolci
MACEDONIA DI FRUTTI ESOTICI CON GELATO
TORTA NUZIALE

...ia Antonietta e Graziano
...anno parenti e amici
...la cerimonia
...l San Rocco
...San Giulio

风格详述

　　田园婚礼在细节上讲求应季应景，所谓细节体现风格，对细节的忽视很可能将"时尚田园风"婚礼转型为乡土风。婚礼的精髓就在于简约且精益求精：如只在干燥并整齐修剪过的草坪上举行婚礼；如果蛋糕在搭建的凉亭内出场，建议凉亭的风格和色调与周围的建筑和景色保持一致；为宾客送上蛋糕的餐盘上自然少不了满园春色，只是盘子的材料和造型还要用心选择，使用上好的陶瓷盘绝不会出错。

　　如果婚礼上用到了花朵或绿植，那么它们的风格就需要与整个场所的风格浑然一体、色调一致：从褐色过渡到绿色，点缀轻柔的粉色和雅致的白色（随处可见）。不需要在托斯卡纳的农庄里使用蝴蝶兰盆栽，也最好不要在帕拉迪奥式的别墅里装饰毫无特色的罂粟花。应季的鲜果理应是室外婚礼所能用到的最佳配角。一款好茶也将为婚礼带来最后的一丝惊喜，何不选择一份混合绿茶，加入几瓣花瓣和果干、几款香料和几片橘皮。就这样制作一个茶包与喜糖一起发给宾客，岂不是一份让人艳羡的回礼？

拿破仑蛋糕

田园风格的蛋糕通常有着家常口味，如香草、草莓或者巧克力按比例混合后，覆以黑巧克力或者杏仁膏面皮，从而保持蛋糕新鲜和湿润的口感。

蛋糕体

最典型的搭配便是香草口味的海绵蛋糕，配之焦糖和苹果口味。如果偏爱口味轻盈的蛋糕，可以采用最基本的海绵蛋糕，搭配草莓味的黄油慕斯。如果偏爱口味紧实的蛋糕，杏仁蛋糕则是田园风格的首选。

内馅

新鲜、柔和的水果口味是杏仁蛋糕或香草蛋糕的绝配，如树莓或者野草莓。将水果添加黄油搅打成果味奶油霜或者简单地将果粒搅拌到卡仕达夹馅中。这里并不推荐糖渍水果，用鲜果简单、清爽的口感，给人以惊喜体验。

表层面皮

彩色或白色的杏仁膏，或者黑巧克力，都适合户外婚礼蛋糕的造型。这里需要提醒的是，如果蛋糕冷藏时间太久，会在取出时因"感受"强烈温度变化而出现"冒汗"的尴尬现象。

任意组合

第五章

甜蜜的生活

意大利电影名——译者注

　　一场设定在《甜蜜的生活》年代的婚礼，演绎出一份复古的意大利情怀。意大利的生活就像电影里身姿窈窕的女人一般迷人；那里的人热情好客，就像那片土地一样有情有味；那里的气候宜人；那里奔放的感情，就像地中海的烈日般炙热。而生活的甜蜜，一如美女索菲娅·罗兰的倩影。这位家喻户晓的意大利美女从二十世纪五十年代起享誉影坛，到今日仍被狗仔队在威尼托街（*Via Veneto*）的街头偷拍；甜蜜有如对美好过去的追忆和对幸福婚后生活的祝福；甜蜜有如款待宾客的诱人巧克力。

一款美貌非凡的婚礼蛋糕，
更特别的是，
它用天使般的口味，
唱出巧克力的赞歌
——神的礼遇。

这是一款独领风骚的意式婚礼蛋糕，它将用惊艳全场的方式证明，真正的美味来自绝对正宗的原料。无论将它混入婚宴菜单，还是列入婚礼蛋糕候选单，它都将脱颖而出，将婚礼带入高潮，让宾客念念不忘。完成一款可谓烘焙巅峰的蛋糕，不仅要有别出心裁的造型，更要讲究百无挑剔的口味，那么顺理成章地需要选择一种最受喜爱和最让人着迷的原料——巧克力，它是激情的代名词。蛋糕的外形是典型的意大利风格，一如集纯真、激情和奔放于一身的索菲娅·罗兰，一位姿态柔美、丰润的女士。这款诱人的甜品召唤着你，催促你将它一小勺、一小勺地吃下，随后，它便俘获了你。

婚礼蛋糕为婚宴收集了来自世界各地的甜香，从都灵到莫迪卡、从瑞士到比利时，人们寻找着最美味的牛奶或纯黑巧克力和巧克力产品，用来丰富蛋糕内馅、造型和裱花。

巧克力作为成人和孩子们的最爱，近年来

在烘焙领域有着不可小觑的地位，虽然它在传统的婚礼蛋糕上并不常见。鉴于巧克力泥的韧性好，多用于蛋糕的表层面皮和裱花装饰，却鲜少用作烘焙蛋糕的主打原料。这是由于巧克力的口味犀利、口感较厚重，与丰富盛大的晚宴搭配难度大，尤其是婚礼蛋糕需要作为晚宴后的重磅甜点出场。可见，巧克力婚礼蛋糕的出现可谓别出心裁，将它用来代替宴会桌上的小甜点，或者用在一场午后婚礼上的主打餐品，都将为宾客带来惊喜。婚礼蛋糕的另一款创意是使用各色高档小块巧克力、夹心巧克力，搭配酒水作为婚礼自助甜品，取代传统的香槟-蛋糕配。巧克力婚礼蛋糕将是所有人的向往，让所有人心满意足地、在它的诱惑下尽情享受。它虽不在传统婚礼蛋糕之列，俘获每个年龄段宾客的心。

一款带你重获童心，
让"吃货"赞不绝口的
烘焙作品。

占督亚榛子巧克力

巧克力和榛子的搭配，成就意大利都灵最精致的夹心巧克力，惊艳一如意大利卡仕达酱。这两种原料的结合意味着两种不同特质、风格和口味之间的碰撞，占督亚榛子巧克力蛋糕便是碰撞后的结晶。两种元素间完美地交融征服了因口味挑剔而自得的都灵人，让他们为之疯狂。巧克力和榛子的搭配也是那款风靡全球的意大利产品能多益（*Nutella*）的神秘配方。

浪漫又精美的蛋糕上采用对比色分层造型，白色巧克力与牛奶巧克力蛋糕层珠联璧合。蛋糕为60人左右的婚礼设计，可以考虑增加蛋糕层数来应对大型婚礼。由于巧克力耐热性差的特点，这款蛋糕不适合夏季婚礼或户外场所。因为即使春季温吞的阳光，也很可能损坏蛋糕挺括、光亮的表层以及轻薄的花朵装饰。蛋糕的内馅是美味的千层酥皮搭配能多益卡仕达酱和蛋白霜。

这个名字，
赋予了这款可口蛋糕一段
"激情"传奇。

歌帝梵

没有什么比巧克力更能代表激情了，有人为它痴狂，有人对它沉迷。仿佛那位歌帝梵夫人的化身，这款蛋糕的造型与内馅尽显柔美和挑逗。它适合那些新式浪漫主义新娘和倾心高端定制的新人。蛋糕的设计和制作工艺繁复、耗时，蕾丝细节需要悉心打理。蛋糕为50人以上的婚礼打造，因为中等体积才能完美呈现整体美感以及细节、色彩上的对比。

蛋糕的表层面皮由白巧克力制成，点缀绸带和细腻的蕾丝饰边。黑巧克力制作的玫瑰和蝴蝶结，呈现和谐的摩卡色调。蛋糕的内馅与柔美的外形相衬，丝毫不落俗套。香草汁浸过的多层饼干蛋糕体搭配加了肉桂粉的黑巧克力卡仕达酱，蛋糕切开后扑面而来的香气，带来难以抵挡的诱惑。

巧克力处处留情的天性，
蕴含着爱、享受和雅兴。

卡萨诺瓦之吻

贾科莫·卡萨诺瓦曾是上层社会的风流才子、文学家和诗人，他的名字已经变成了情圣和完美绅士的代名词。这款以他的名字命名的蛋糕，正如这位大情圣一般，让所有尝过它的宾客都神魂颠倒。

一如情圣用来表达爱慕之情的巧克力，这款蛋糕也是在婚礼上献给爱人的小小诱惑。蛋糕的内馅一反传统配方，在清淡口味的杏仁海绵蛋糕和黑巧克力卡仕达夹馅中添加了辣椒。火辣、惊艳的口感，仿佛卡萨诺瓦之吻。

蛋糕的设计高雅、摩登，为百余名宾客定制的面皮全部由白巧克力制作，并手工绘制树枝和叶片细节。由巧克力泥制成的小朵玫瑰花依附在叶片上，营造出一枝独秀的效果。

巧克力寿司

这款婚礼蛋糕的灵感来自日式极简主义和怒放的玫瑰手捧花。它娇小的体积如同一份寿司卷，黑巧克力玫瑰簇的装饰宛如娇艳的手捧花。传统与现代并存的风格，体现在蛋糕美貌的外观与内馅之间的完美结合上：榛子比司吉蛋糕体搭配黑巧克力、杏味卡仕达酱。

这款维也纳风格的萨克蛋糕采用了个性十足的极简主义方块设计。规则的几何造型和精致的裱花会满足每一位摩登新娘对"简约"的渴望。细腻的口感以及巧克力、杏味的搭配会打动即使口味最保守的新人。蛋糕的体积适合10～15位宾客享用，因此在大型婚礼可以考虑制作几份大小各异的同款蛋糕，并不建议将蛋糕体增大到30cm以上，以免造成巧克力条的断裂而破坏蛋糕精巧的外形，从而偏离设计理念。

小窍门

巧克力寿司的创意别出心裁。蛋糕的设计是打造一款15厘米×15厘米、高10厘米的基座，用高15厘米的巧克力薄片包裹四壁，从而形成"寿司盒"的外观。巧克力薄片的内侧采用调温巧克力修饰，避免条状薄片之间出现不平滑的裂纹。

随后一朵朵摆入定型后的巧克力花，在花心处点缀糖珠，打造光亮的对比效果。最后用可可色的绸带完成蛋糕造型。

一款采用西西里岛古老传统的
巧克力秘方制作的蛋糕。

莫迪卡

莫迪卡婚礼蛋糕像西西里岛巧克力配方般独特，它兼备传统风格和现代设计，别具意大利制造的特色。这款蛋糕的特别之处在于对西西里莫迪卡巧克力的选用和其罕见的、巧克力纯度保真的加工工艺。将巧克力碎屑低温混合到传统的巧克力卡仕达酱中的加工方法，将保留成品的原味和酥脆的口感。确实，莫迪卡巧克力的制作诀窍就是低温，从而最大程度封存可可豆的品质和香气，在添加砂糖粒或其他配料之后，尽可能还原它们在成品中的面目，整件作品如大理石般纹理清晰。传统的莫迪卡巧克力有肉桂和香草口味，实际上，辣椒口味、角豆口味、咖啡口味、橙子口味都很常见。这些口味也都能够用于婚礼蛋糕，为可可口味的海绵蛋糕增添新意。

xocoàtl① 的所有精华凝聚
为一款摩登作品
——巧克力的纯正本尊。

玛雅

　　玛雅是一款精于黑巧克力品质和裱花工艺的蛋糕，它的制作过程极为繁复。面皮上细密的黑巧克力纹理巧妙地还原了木质表面真实的粗糙感。蛋糕沿袭了前哥伦比亚处理可可的传统，靠高纯度、口感浓郁的巧克力和研磨可可豆独领风骚。

　　在尊重原料原始口味的同时，蛋糕内馅应适当添加无花果果酱或类似的偏甜配料来柔化苦味。蛋糕表面装饰的羽毛，是整件作品上最时髦和唯一不可食用的部分。打造精巧细腻的巧克力条纹需要不差毫厘的准确度，任何修改都可能破坏整个装饰的外观。作品完成后需要严格控制保存温度，过热或过冷的环境都不能保证纯巧克力条纹的完美如初。即使在切蛋糕的过程中，不恰当的刀法也会造成蛋糕表面纹理的不对称，所以尽可能在"幕后"根据宾客人数计算出每份蛋糕的尺寸。

---

① 墨西哥阿兹台克语中的"可可"。——译者注

拥有经典造型的
白巧克力婚礼蛋糕。

奶白蛋糕

　　这款蛋糕的设计将满足巧克力爱好者在传统婚礼蛋糕中添加巧克力成分的想法。奶白蛋糕融合了柔美的女性化设计和浪漫的裱花，非常适合向往传统风格婚礼的新娘，而白巧克力的使用，又带来耳目一新的体验。蛋糕的口味单一而纯正，让人瞬间重获童年记忆。白巧克力不仅用于蛋糕体包面，同样用在了蛋糕夹层的卡仕达酱中。蛋糕中唯一一份"成人"系用料便是干邑橙酒糖浆或莫斯卡托白葡萄酒，用它们浸润过的蛋糕体，香气袭人。

　　蛋糕表面的荷叶褶饰由白巧克力泥制成，从上至下一条条地装饰在每层蛋糕上。同色系的绸带作为精美的细节环绕蛋糕，最后在蛋糕上摆放一朵大号牡丹糖花。图片中蛋糕的体积为50名宾客设计。

风格详述

　　巧克力蛋糕需要与众不同、别具特色的设计，这尤其适用于纯度高的黑巧克力蛋糕。由此可以使用林间元素，如树皮、树叶、蘑菇、绿植等来打造一款夸张、抢眼，同时精美绝伦的婚礼蛋糕。方形造型更是为蛋糕锦上添花的设计。巧克力花朵不论是白色还是深褐色，必求工艺精致、完美无缺，但不建议在此使用鲜花。

　　一般而言，人们总认为深色的婚礼蛋糕会是为新郎设计的（*groom's cake*），这与维多利亚时代的传统背景有关。因此在当代选用深色婚礼蛋糕时，常作为两款婚礼主题蛋糕的其中一款。

　　花卉与时尚都可以成为婚礼蛋糕的主题，如在较小型的蛋糕上使用羽毛、小珠子等装饰，让外观更加精致、时尚。小型蛋糕适合私密婚礼聚会或者作为婚礼仪式后派对上的甜品。绸带、薄纱、蕾丝都可以出现在蛋糕上，为其增添一丝柔美的风韵。喜糖、甜品桌、法式花色甜品（*petits fours*）也需要与深色婚礼蛋糕的风格一致，并从细节上做到烘托婚礼蛋糕个性主题的效果。

一杯茶

英国维多利亚时代的传统教会了我们最时髦的生活方式：无论冬夏，用一杯暖茶搭配一份糕点。然而要想不流于世俗，茶的选择便不可将就。袋茶忽略不谈，婚礼上最好在宾客面前用各色名贵、纯正的精选茶叶沏茶，或者由品茶专家根据每位宾客的喜好调配不同口味的香料茶，真正做到茶香与蛋糕美味的完美契合。如果将配好的茶叶分为小袋，可以让设计师将新人的名字字母组合印于其上，变身个性化礼品。要想为宾客上演一场动人心魄的茶之盛宴，那么少不了精美的茶具和个性化的说明牌。

茶叶，尤其是混合茶的种类数不胜数，只有求助于品茶专家或者专业茶叶店才能根据个人好恶选对茶叶，并且将季节、聚会的模式甚至婚礼蛋糕的用料都纳入考虑范围。

在美式传统中，有一个有趣的"新娘洗礼茶派对"活动，不妨大胆尝试。这通常是在婚礼举行的前一两周由新娘的女性好友为新娘组织的派对活动，用品茶和香槟来庆祝婚礼的到来和单身生活的结束。

双倍巧克力

采用深色、淳厚或者白色、顺滑巧克力的婚礼蛋糕，通常主题鲜明、内馅口味浓郁、香醇。

蛋糕体

略有黑可可味的比司吉蛋糕体可用少许的橙味、苦杏仁利口酒调味，或者添加黄油以提高甜度。打造白色蛋糕体可以采用具有酥脆、粗糙口感的杏仁蛋白饼达克瓦兹（*dacquoise*），或巧克力、薄荷、开心果达克瓦兹。

内馅

可选用焦糖夹心或者白巧克力慕斯，掺入一点肉桂或丁香粉。可在巧克力卡仕达酱夹层中，点缀紫罗兰口味或浆果口味，如蓝莓。又或者搭配经典的梨子口味，用红酒炖梨法将梨加工为梨酱使用。

表层面皮

白色或黑色的硬质表层，配以巧克力花卉。黑巧克力丝或巧克力片装饰在蛋糕上，将会营造前卫和精致的效果。用马斯卡彭乳酪和巧克力的混合奶油代替经典的糖皮将会为蛋糕带来动人的手工打造感。

任意组合

第六章

滑稽歌舞秀

　　浮夸、古怪、巴洛克风格，是对一场超乎想象的复古婚礼的概括。它华丽、诙谐如同索菲亚·科波拉电影中玛丽·安同瓦内特的宫殿；象征性和直观性堪比威尼斯的狂欢节；美好而文艺犹如一场震撼人心的舞台剧表演。这场巴洛克风格的婚礼重新演绎了宫廷盛宴的风格、服饰、布景和装饰，瑰丽和奢华的细节将令人过目不忘。不论宾客还是新娘新郎，都将盛装出席，甚至可以用面具或羽毛扇乔装打扮一番，化身舞台剧的主角。华丽炫目又诙谐有趣的婚礼，带着一丝叛逆和甜蜜的狂想，将所有人带入一场流行歌剧、宫廷晚宴。

凡尔赛、威尼斯叛逆、诙谐的歌剧
和红磨坊舞蹈，
便是浮夸的戏剧性婚礼蛋糕的灵感
之源。

一款潇洒率性、大胆浮夸、别出心裁的婚礼蛋糕，将传统仪式用夸张的手法诠释出新意，用无以复加的华丽细节定义了美丽和优雅的新风尚。新潮的蛋糕创意，献给钟情于索菲亚·科波拉电影中玛丽·安同瓦内特角色的新娘。这位十八世纪凡尔赛宫里的摇滚女王，尽情享受着华服、舞会，肆无忌惮地大吃大喝，醉生梦死于香槟之河。玛丽皇后与传统的对抗和我行我素的灵魂，或许正与某位向往个性婚礼的新时代新娘不谋而合。

这款叛逆、低调、性感的蛋糕势必引燃派对现场、振奋反讽风格的准新娘洗礼聚会。它的滑稽歌舞秀风格略带闺房隐秘气息及二十世纪五十年代流行风尚的印记。这款被蕾丝、花边、锦缎包装的作品会为宾客带来剧场般的震撼效果。在色彩搭配上，蛋糕倾向使用浓墨重彩：玫红代替粉色，黑白对比幻化为跳动的音符或斑马条纹。高贵的、金色巴洛克风格的甜品，有时以失重的方式出现，向宾客炫耀着马戏般的特技。风姿无限的蛋糕宛如从时光中穿梭而来，带着法国皇室鼎盛时期的辉煌、威尼斯狂欢节的高雅、十九世纪法国蒙马特夜总会康康舞的挑逗——战栗、风趣、华美。一款超越鲜花和传统的婚礼蛋糕，理应是一款独领风骚的个性蛋糕，不代表家长的品位，只彰显新娘新郎的审美。

在富丽堂皇的大堂上举行的复古婚礼，有着炫目的金色背景和绸缎交织的地毯、精心梳妆的宾客们和身着束胸、宽阔裙摆的女士——一切都富含戏剧意味。空气中弥漫着舒缓、随意的气氛，宾客们在穿越时空的难忘经历中，感受这异国风情、喜庆和丰盛的宴会，如同参加了一场宫廷舞会或者度过举世闻名的红磨坊夜晚。

在缀满鲜花的蛋糕上，
蝴蝶齐飞，
风趣、浮夸、诙谐的气质
尽显无遗。

玛丽·安同瓦内特

蛋糕的外观色彩斑斓、柔美欢快，歪斜的造型活泼俏皮，裱花泼辣大胆。由玛丽·安同瓦内特的夸张风格打造的蛋糕，非此莫属。

婚礼蛋糕夸张的外表下是圆润、细腻的设计细节。由缎面、丝绒面料或者糖皮制作的炫目蝴蝶结、花结、珠子和绸缎装饰，在蛋糕上巧妙地复制了常见的闺房配饰。所有的一切看似荒诞不经，却充满了诙谐的智慧。白色是蛋糕上唯一一项传统元素，而粉色到玫红等浓艳的色彩作为蛋糕的主色带来无限新意，就连内馅也因遵循同样的色彩代码而采用了香草、浆果、草莓或树莓口味的海绵蛋糕。"一切都那么荒唐！——夫人，要知道这才叫凡尔赛。"用这句索菲亚·科波拉电影中的著名台词来形容这款婚礼蛋糕的戏剧性一点也不为过，因为它就代表着：

一场巴洛克盛宴、一次彻底的享乐。

婚礼蛋糕的填馅，
是配乐，
是歌咏，
是歌剧的典雅气质
与荡气回肠的激情。

歌神

白色与亮泽黑色的设计恰如钢琴琴键、剧场主角晚礼服、交响乐团燕尾装上的鲜明对比。这款作品为音乐家、作曲家、歌唱家或音乐爱好者打造，同时向歌神玛丽亚·卡拉斯表达敬意。她因戏剧性的表现力和无可比拟的歌喉，成为爱情故事与激情歌剧的灵魂歌者。

代表优雅、天资和风格的歌神用自己浓烈和鲜明的语言点亮了世界，并为这款高水准的蛋糕作品带来了灵感。蛋糕设计为多层酥皮的蛋糕体，搭配榛子和巧克力慕斯夹层。

小尺寸的两层蛋糕采用经典圆形外形，白色的哑光表面点缀着亮泽的黑色巧克力泥乐谱。制作过程是先将乐谱中的条纹装饰安置在白色翻糖表面，随后添加音符。最后，为黑色的裱花喷上光亮的食用漆，以形成与蛋糕白色糖皮的鲜明对比。

这款蛋糕并不适合夏季举办的婚礼，而如此独特的设计也只能被品位独特的人欣赏，如音乐鉴赏家、音乐狂热爱好者，或者为某个小剧院音乐厅中的特殊聚会准备。

这两款黑白撞色并点缀艳
粉的蛋糕，使人无限回味
起红磨坊的不羁和滑稽
歌舞剧的性感。
它会俘获不走寻常路的
新娘，或成为新娘洗礼
派对的不二之选。

滑稽歌舞秀

如果你考虑一款虎纹效果的新式蛋糕，这两款设计的创意独占头筹。经典均匀的蛋糕造型上点缀着三色撞色设计。婚礼蛋糕上的动物印纹和夸张大胆的色彩往往令人大开眼界，正如一场滑稽歌舞秀带来的震撼——曼妙的曲线、吊袜带、鸵鸟羽毛等，这几个同样在蛋糕上出现的性感细节，将为婚礼打上百分百个性化的标签。白、黑两色与艳丽粉色间的转换、复古的裱花细节将为眼光独到的新娘打造一款气势非凡、美艳无双的婚礼。斑纹蛋糕彰显着女性气质，带着叛逆的气息，它成功地将一个有诱惑力的游戏在婚礼或新娘洗礼派对上演绎出高雅风尚。我们将这款大胆的设计推荐给那些在生活中懂得欣赏蒂塔·万蒂斯风韵的人，或者那些偏爱美式潮流的新娘新郎。

小窍门

制作动物花纹，首先用色素将面团染色，随后手工塑形并切割。完成后小心地将花纹安置在翻糖包面的蛋糕表层。请在装饰过程中注意转角处的平整以及黑白花色的间距，以保证口味的平衡。最后一道工序是用刷子为黑色花纹刷上食用漆，打造光泽效果。

它仿佛掌握着杂技的技巧，
奇妙地保持着平衡，
无疑是婚礼上最受瞩目的蛋糕。

趣致杂技

这款蛋糕如杂技演员般身轻如燕，如魔术般梦幻，马戏的表演道具是它戏剧化装扮的灵感来源。

这款蛋糕的设计理念体现在蛋糕的不对称造型和翻糖的裱花装饰上，如花朵、螺旋、扇形、珍珠以及大小不一的蝴蝶结。蛋糕体完全被压有蛋白饼干纹理的巧克力条包裹，这款图案对裱花的完整性要求很高，须悉心操作。糖皮蝴蝶结则采用了布纹设计的精美造型。

蛋糕精密繁复的造型需要烘焙师的设计和艺术之手的加工。为了使蛋糕更加坚实，可以在底层内部添加小型支架，以确保蛋糕体不会坍塌。整个蛋糕的制作过程为期三天，可以招待约180位宾客。在人数增加的情况下，可以将蛋糕底部增加一层水平蛋糕层，并在顶部增加一层向右侧倾斜的蛋糕层。

威尼斯

婚礼蛋糕上金色、象牙色面具的灵感来源，便是世界上最浪漫的城市——威尼斯。在这里你可以拥有最典型的意式婚礼与一段刚朵拉小船上度过的难忘蜜月风格婚礼中的巅峰。像威尼斯大运河上的建筑般珍贵稀奇的蛋糕，对浪漫又新潮的新娘来说不容错过。

造型经典的蛋糕由三层高度一致的圆形蛋糕组成。表面覆盖象牙色糖皮，点缀金色的翻糖制作的丝带。威尼斯风格的蛋糕，自然少不了举城欢庆的狂欢节元素，让造型多一分风流气质。

蛋糕的顶端点缀着一款精雕细琢的面具，搭配羽毛装饰，正如面具舞会的一款理想道具。它为一场有特色的婚礼打造，适合在威尼斯泻湖区的蜜月旅行，或者在新年、狂欢节之前的派对上享用。

小窍门

美艳多姿的蛋糕，由翻糖制成的饰带在喷过金属光泽的水溶性食用漆之后，点缀在蛋糕表面，打造蛋糕精美的外形。

蛋糕最具特色的细节便是顶端的面具。翻糖面具由硅胶模具造型，随后手工喷漆，打造出珍珠母贝的光泽效果。蛋糕的尺寸适合60位左右的宾客享用。

风格详述

　　蛋糕的设计风格夸张，但不过分；斑斓、巴洛克风格，但又与婚礼的高雅氛围毫不违和。

　　设计的理念是将蛋糕带入威尼斯的节日气氛，尽显彼时魔幻、浮夸的场面，而蛋糕上的每个细节又精细考究、无可挑剔。面具、钻石、音乐符号装点的蛋糕表面，让蛋糕的主题简单明了、独具特色。滑稽歌舞秀风格的蛋糕诙谐跳脱，充满戏剧性、挑逗性。斑马条纹颇具时尚美感，大号蝴蝶结、绸带、花朵以及珠饰或施华洛世奇水晶的装饰，让作品绝无仅有。粉色和珠饰搭配金色、黑色或玫红，明艳夺目。紫色或紫罗兰色将为款待宾客的迷你糕点带来别样风情，同时尽量避免在甜品桌使用传统白色。柔美的鲜花、手捧花包装和各式各样装饰用的绸带或丝带，将收敛婚礼的乖张风格，增添平和、细腻的气息。另一个将婚礼的风格掌控在格局之内的细节，是西西里阿沃拉杏仁喜糖（经典的内外纯白欧式喜糖）的巧用。如此安排，蛋糕将理所当然地成为除新娘之外的主角。

糖果司

  色彩斑斓，又对粉色格外偏心的"*bonbons*"糖果，是婚礼仪式结尾的彩蛋。它们通常在婚宴收尾的水果自助上出现，在适宜的季节里，还可以搭配冰淇淋。巧用糖果，不会贬低喜糖和手捧花的地位，只可能增加婚礼趣味性的一面，并不仅仅适用于滑稽歌舞秀的婚礼风格。只需在挑选上下一番功夫，用俏皮又考究的眼光，就能让糖果成为婚礼上人人印象深刻的小点缀。糖果的种类数不胜数，包括简单的盛在玻璃罐中的巧克力糖果（最特别的是心形造型）；包装上绣有新人名字首字母的纸袋或布料包裹的袋糖；又或者水果糖、蜜饯、蛋白霜糖、棉花糖，甚至糖酥花朵，尤其是经典的紫罗兰花。因此在众多的糖果之间，做出正确的选择很必要。考虑到婚礼主要还是成人间的聚会，糖果的外形和颜色可以向童趣靠拢，但口味可略苦涩或犀利。不推荐颗粒过大、不方便食用的糖果，通常柔软的果糖或者糖酥、小块巧克力都适用于婚礼（只在秋冬季推荐）。如果想尝试一个新点子，可以在婚宴上提供各式各样的白、粉相间的迷你棉花糖棒。

粉红女郎

巧克力和紫罗兰花——在尽情欣赏并消化了滑稽歌舞秀婚礼蛋糕带来的震撼之后，用味觉感受这两款原料组合的魔力。

蛋糕体

任何大胆的尝试都不为过，唯独经典在此不合时宜，只因经典过于平庸。选择一款白巧克力蛋糕，或者柔软的可可蛋糕体，再搭配上顺滑的黄油和红糖来丰富口感。若想给宾客一点惊喜，尽可在其中添加柠檬或罂粟籽。

内馅

采用一款柔软的黄油或马斯卡彭奶酪卡仕达馅，并用食用色素上色。粉色或紫红色的内馅，散发出玫瑰和紫罗兰花的香气。还可挑战搭配一款口味特别的烈酒，或者搭配食用大黄酱，同样不失为一种既前卫又时髦的选择。

表层面皮

白色或黑色翻糖皮，或将糖皮改为艳丽的粉色。用杏仁膏或蛋白霜做细节点缀，采用布纹印纹装饰。

任意组合

第七章

赤足水中

　　在沙滩上举行的婚礼，任性地把轻抚发际的海风和晶莹透亮的海水作为背景。享受夏日的艳阳和海滩，享受碧蓝的海水，享受最直白、天然婚礼的气度。

　　散发着慵懒度假气息的自然景致，便是这场简约、时尚婚礼的精髓，整个婚礼设定都洋溢着二十世纪五十年代圣特罗佩的风尚。彼时的碧姬·芭铎正将比基尼带上历史舞台，而新浪潮乐队的艺术家们来到海滨寻找灵感。生命中最重要的一天，值得以最奢华的方式度过：用十足放松的状态，"下潜"到蜜月之中。

一款充满夏日芬芳、
果香四溢的蓝色系婚礼蛋糕。

在地中海的沙滩上，或者千里之外的异域
天堂举行赤足海滨婚礼，是置身自然、享受简
单的过程。因为在这里，自然风景就是最美的
景致。色彩变幻的碧海蓝天、烈日下褪色的树
木和礁石、热带水果淡粉色的汁水、成片的贝
壳与海星——这些都成为夏季风情婚礼蛋糕的
灵感来源。无论置身圣特罗佩、加勒比海还是
遥远的波拉波拉岛，又或沉浸在芬诺港、卡普
里岛、基克拉泽斯群岛的美景中，与最亲的亲
友一起依山傍海，在户外放松身心，将每日的
烦恼抛之脑后，放下所有包袱，包括脚上的鞋
子。风光鼎盛时期的碧姬·芭铎到圣特罗佩
的庞普洛纳的海滩上散心，终将这个无名小渔
村变成了艺术家和巴黎时尚达人的时髦度假
地，满足了他们逃离喧嚣和对宁静的渴望：
正如一场海滩上的婚礼，满载独特的风雅浪漫
气质。

婚礼蛋糕沿袭婚礼简约、低调的风格，成

为时尚、秀丽的海滨婚礼的完美点缀。根据婚礼地点的选择，甜品也有两款不同的设计。一款为波西塔诺地区大露台上的盛大婚宴设计，另一款则适合大西洋中小岛上的婚礼。贝壳、海星，放眼望去，满目的海蓝色和薰衣草紫色，将蛋糕装扮得仿佛一张地中海中收获颇丰的渔网。它精致的外表在传统婚礼场景下同样无可挑剔。此外，蛋糕造型流畅、清新、艳丽，正如当地的热带水果。用色同时取材浅色木料、石子、细沙和棕榈树，与罕有人迹的景致浑然一体。两款蛋糕皆采用清爽的卡仕达酱和轻薄的蛋糕体，是典型的夏季甜点口味。

像海边的微风般轻柔，
如蔚蓝海岸上的婚礼般雅致。

圣特罗佩 (*Saint-Tropez*)

一款水粉色调的婚礼蛋糕，拥有圆滑的曲线和浑然天成的装饰物，尽显法国珍贵一隅的地中海魅力。圣特罗佩是一款夏日风格的创意蛋糕。它的表面包裹水蓝色的巧克力，白色翻糖制作的波纹装饰，经过手工塑形后萌意十足。这种时尚与质朴的组合，正如通透的海水、原木和法国海岸的搭配，完美诠释了"*Saint-Trop*"（圣特罗佩的法式发音）黄金时代的精髓。这款蛋糕上的创意适用于任何一场海滨和泳池婚礼，经典的风格设定可与各种地点和场合搭配。蛋糕的内馅适合夏季享用，采用椰味蛋白饼达克瓦兹（*dacquoise*）和卡仕达馅，搭配脱水椰丝。

熟透的芒果色，
同花朵装点了蛋糕，
爱的情愫。

巴厘岛

婚礼蛋糕的造型震撼又雅致。清新的异国花朵为蛋糕的自然气质锦上添花，使其与沙滩婚礼的风格完美契合。蛋糕的色彩和设计带你重温印尼海岛的无限风光——棕榈树成排的海滩、艳丽的热带花卉、深邃的蓝色大海。确实像拍成了电影的小说原著《美食、祈祷和恋爱》中描述的一样，"在意大利的人们爱吃，在印度的人们祈祷，在巴厘岛的人们热恋"。巴厘岛将为一场刻骨铭心的婚礼和蜜月策划提供源源不断的灵感，将一切交付于未被污染的自然和环境。香草口味的经典海绵蛋糕体，完美搭配木瓜、椰味卡仕达内馅，或者其他热带水果味卡仕达酱，打造清爽的口感。奶白色的白巧克力泥面皮点缀着材料相同的粉色系饰带，打造了清雅的白、粉交替的效果。蛋糕上花朵的装饰与其使用翻糖或巧克力泥，不如使用鲜花，因为在很多当地婚礼仪式上会有将花束抛入水中换取祝福之举。

水粉色调、
索伦托柠檬的香气，
勾勒阿玛菲海岸的
经典之美。

波西塔诺 (*Positano*)

想要拥有一场真正的意大利婚礼，那便选址在卡普里岛周边吧，享受美轮美奂的阿玛菲海岸、美不胜收的古罗马遗址，并将索伦托柠檬的色彩和香气纳入华美的婚礼蛋糕。波西塔诺是一款有历史渊源的蛋糕，与它代表的地域息息相关，深深植入传统之中。它适合崇尚经典浪漫的新人，用意大利南部的美景和魔力还原一个爱情故事。

蛋糕造型经典，表面包裹着水粉色调的杏仁膏，与海绵蛋糕体和柠檬甜酒卡仕达馅的色调相同。裱花在蛋糕表面完成后经二次操作制成，用经典的建筑式装潢修饰出蛋糕的曲线。这款蛋糕的尺寸较大，可为大型婚礼完美打造，可与超过150位宾客分享，这将是传统烘焙师也无法拒绝的绝妙之选。

波拉波拉岛

这里有白色的沙滩和在天蓝色与深蓝之间变幻的海水。这款依照波拉波拉岛的波浪和色彩设计的蛋糕，从无人涉足的人间天堂和诱人潜入的"蓝色港湾"汲取灵感，陪伴您度过婚礼之夜和最甜蜜的蜜月。

这款蛋糕风格的新意在于逃离了西方礼教的束缚，在八月的蔚蓝大海中释放自我。

第一阶段为简约的巧克力表面三层蛋糕造型，上层和下层分别采用蓝色修饰，中层则设计为天蓝色。第二阶段需要将巧克力手工切割，打造对比色彩的海浪效果。蛋糕的内馅使用经典海绵蛋糕，搭配香缇丽奶油夹心，还可以掺一点彩色的橙花库拉索调味酒。

小窍门

贝壳和珊瑚是由翻糖面皮经专业的模具打造后，手工组合和加工而成。待其完全干透，喷或刷上食用亮粉或者食用漆，营造出生动的色彩。

在希腊蓝色的天地之间，
充当一次水手、
做一回美人鱼。

圣托里尼

一款地中海风格的绝美蛋糕，有着基克拉泽斯群岛的线条和色彩、海水的天蓝色和圣托里尼大街小巷的白色墙壁。

荧光白的特色是在日光下亮泽夺目，打造蛋糕自然高雅的气质，完美驾驭休闲场合和传统宴席。蛋糕的内馅使用桃味酸奶卡仕达馅搭配海绵蛋糕，柔软的白兰地夹心带来一丝希腊风情。

四层高度相同的方形蛋糕用翻糖膏覆盖，点缀两种宽度的巧克力泥条纹，营造动感。蛋糕制作的复杂之处在于从边角处"瀑布般"淌下的贝壳和海星，对工艺和制作时间的要求苛刻。装饰的过程自下而上，从而确保合理的摆放角度和重量的调配。

风格详述

海滨婚礼仿佛一场美梦，它或许是精致的宴席，也可以是随意的聚会，完全视细节而定。

天蓝色和白色作为海滨的主色，随意地点缀在每个角落。红、黄和粉色作为婚礼场地的强对比色尽显活力，只需巧妙使用，避免大篇幅、单调地重复造成厚重或艳俗的效果。这里我们同样建议使用贝壳和鲜花这两个元素，为蛋糕的造型和婚宴做点睛之笔，甚至可以用在邀请函或者其他纸质材料上。

婚宴圆桌的装饰风格简约、典雅，座位铭牌别有新意，可一物多用地作为赠送宾客的回礼、婚礼纪念品。例如，一个天蓝色的小盒子，表面缀有刺绣图案和鲜花（如右图），盒内装有手工上色并标有新人名字首字母的幸运贝壳（依照传统，首字母标出新人名字的第一个拼音字母，顺序是新郎名字首字母，新娘随后）。

新鲜花卉、花瓣和贝壳可以用来装饰婚宴桌，在不使用正式的桌花装饰时，用色调高雅的小饰物点缀每个座位。

椰香梦

新鲜、可口的风味可使用黄油与异国风情的椰子搭配，再配以百香果，成就精致的海滨风味蛋糕。

蛋糕体

夏日蛋糕通常使用经典的白色蛋糕体。常见的有海绵蛋糕或酥皮，或者在面粉中掺入椰粉，做成经典的奶油霜蛋糕。总之，搭配口味清爽的蛋糕体，才更能体会卡仕达酱或蛋白霜的内馅。

内馅

考虑异国风味的椰子、百香果、菠萝或者柠檬，来制作凝乳或调味卡仕达馅。调味酒推荐圣特罗佩出产的经典茴香酒。

水果粒同样美妙，但此处建议使用白色小果粒，在蛋糕切开后不会出现脏或凌乱的效果。避免在卡仕达酱中不合时宜地使用巧克力。

表层面皮

白色或天蓝色糖皮、经典蛋白霜（上色为天蓝或黄色），或者使用各色奶油霜。总之，蛋糕制作后都需在低温下保存。

任意组合

第八章

冰雪中的婚礼

　　一场雪中进行的白色婚礼，经典主色与周围的白雪天地融为一体。在冰雪的世界，相对安逸和温暖的场所、噼啪作响的壁炉、冬季的新娘、高山或冰天雪地的北欧，正是一场白色主题婚礼的好设定，不由让人联想到俄罗斯公主安娜斯塔亚的童话和英格丽·褒曼完美演绎的冷艳之美。零度之下的婚礼、被冰雪覆盖的城镇、一间阿尔卑斯山上的乡村木屋，这里的街道冻成了冰，雪花缓缓飘下，而在婚礼的大厅内，数百盏蜡烛温暖了房间。

一款全白的婚礼蛋糕，
献给冬季，
献给身着白色礼服的新娘。

如雪般洁白的婚礼，在阿尔卑斯的山谷间或铺满第一场雪的街巷间，悄然融入魔法下的市镇——如果你的婚礼在冬季，不妨尝试一款应景的婚礼蛋糕。它是高雅的，与现代场所和乡村木屋都完美契合，又自带一丝高冷气质，一如俄罗斯最后一位公主安娜斯塔亚。身着白色古典礼服和柔软披肩的英格丽·褒曼，完美演绎了这位帝国的最后一位后裔：皮草礼服下的一位高贵美人，是每位冬季新娘的幻想。

俄国公主的婚礼风格，自然是婚礼和蛋糕完全以白色为主色，线条简洁，婚宴以冬季丛林色彩和口味为主。蛋糕上的冰花是翻糖装饰，蛋糕内馅味暖、诱人，如果想要取代夏季清爽口味可以添加调味酒、干果、巧克力和糖渍苹果等口味单一的糖果。曾经不寻常的婚礼，今日却成为时尚。在意大利科尔蒂纳（Cortina）、法国梅杰夫（Megève）和雪场雪道旁的小避风所结婚，不再只是滑雪怪人的选择，而是拥抱魅力冬季的方式。

　　漫天飞雪，冰封小巷，在举办婚礼的大厅内，无数蜡烛温暖着空气。浪漫的山间木屋内，壁炉内火焰噼啪作响，整个婚礼仪式温馨有爱，新婚之夜幸福无双。婚礼或设定成乡间、午宴、阿尔卑斯山风格；或北欧贵族风格，高冷且散发无可挑剔的典雅气质。婚礼上不可或缺的元素有低至零度之下的气温、全白的底色、与四周景致相衬的白色婚纱、冬季仙客来和雪铃花，及婚礼伴手礼——一款搭在椅背上，可供宾客保暖的羊毛披肩，如由当地手工打造，更具乡村特色。菜品也可沿袭白色基调，或者列入当地传统名菜。婚礼蛋糕自然也以白色为主，在星空下、在篝火前，伴着一杯暖胃的香槟或高档的冰酒，将婚礼推向难忘的高潮。

如雪花般剔透晶莹，
高雅的外表点缀着乡村风格
细节。

科尔蒂纳 (Cortina)

这款婚礼蛋糕将纯净的大自然与著名的
"多洛米蒂珍珠"——科尔蒂纳的高雅和经典
气质相结合。科尔蒂纳可谓意大利最美丽的山
间滑雪胜地，以它独特的高山生活方式，精致
的科尔蒂纳生活风格为运动爱好者和世界各地
的精英阶层所爱。

蛋糕造型简约、方形设计、使用松果做简
单点缀，是高雅的阿尔卑斯山风格、乡村和都
市结合的经典。蛋糕拥有完美对称的几何线条
和构型，全白的底色衬托奢华的细节，即富有
内涵的天然林间木材——松果。松果可以是最
简单的林间收获，也可以由巧夺天工的巧克力
泥手工打造经过繁复的枝杈制作后组合成型。
最后，一层闪光的糖粉如雪末般悄然而下，使
蛋糕整体风格浑然天成。

她的嘴唇像玫瑰一样
红艳，
头发像乌木一样
漆黑，
皮肤像雪一样
洁白。

魔镜

白雪公主

这款婚礼蛋糕正如著名童话故事中肌肤如雪的年轻女主角——白雪公主一样，有着雪白的外表。蛋糕内馅是香甜的香缇丽奶油，顶端点缀浪漫的蝴蝶结，是冬季婚礼的经典之选，重现格林兄弟笔下的童话场景。

蛋糕由翻糖条纹装饰，其色彩、构型及蛋糕上的花朵打造柔和的视觉效果，甜美一如蛋糕的名字。蛋糕的内馅沿袭白色基调，采用海绵蛋糕体，搭配糖渍苹果卡仕达酱。

白雪公主蛋糕的风格灵活多变，既适宜出现在大厅的晚宴中，又适合丛林木屋，既现代都市化，又和乡村场所毫不违和，处处营造高雅气氛。

北极圈

全白的婚礼设定、极地氛围、北欧风格的宴会以及冰雪的冷艳之美，置身其中的婚礼蛋糕并不乡村，与避世山间也无丝毫关联，却能够吸引宾客，进入冰雪女王的魔法世界。在经典都会场所能拥有的最典雅的仪式，便是从布景到婚礼蛋糕的设定完全还原一个冰雪的世界，如水晶般透彻，简约无比、精致无双。北极圈蛋糕外形设计传统，由三层荧光白色蛋糕堆叠成型，只有静静地近观，才能欣赏蛋糕亚光之美。蛋糕外观上点缀的冰花薄片，薄如蝉翼，别具一格。蛋糕的尺寸为50位左右宾客设计，适合小型婚礼。

小窍门

蛋糕上的冰雪结晶效果来自益寿糖片，就是将糖加热到180℃后，放于硅胶垫上，冷凝结晶后出现的"吹玻璃"效果，与冰的外观极为相似。

糖片随意掰开后，点缀于翻糖皮包裹的蛋糕表面。蛋糕中唯一的对比色，便是在海绵蛋糕的香缇丽奶油夹层中添加的红色浆果。

风格详述

　　冷静和极度优雅是冬季婚礼所能展现的细节风格，只有选择在至寒的冬季度过新婚之夜的新娘才有机会感受。

　　最经典的选择当属北欧风格的全白设定，用食用闪粉或粗砂糖打造蛋糕表面的闪烁效果，较之经典的奶油白色更具韵味。落雪的纯洁在蛋糕上用最精准的方式被表述了出来，与之相互辉映的是作为点缀的几个经典冬季元素，如松果、雪花、树皮碎片，正是它们的组合赋予了蛋糕魔法般的魅力。细节的用色可以选择丝缎银色或锡色，总之既冷静克制，又不会落俗而显得与整体设计格格不入。

　　冬季风格的白色蛋糕甚至可以比其他季节更有设计感，例如，使用树林收集的木质材料来代替鲜花，或者用白色的人造皮草布景，再或者把蛋糕桌或新人位置装饰成慢跑者风格。最后，只需要将这位翻糖和巧克力制成的冰雪女王用白色的缎面或丝绒宽饰带打点整齐，便得到蛋糕精美的外观。

冬季釉彩

一张洁白的"羽绒被"下覆盖着两层轻薄柔软的黄油酥皮"羽翼"，中间隐藏着巧克力内馅——简而言之，冬季婚礼蛋糕能够驾驭一切。

蛋糕体

通常采用经典的巧克力或香草奶油霜，并用咖啡或皮埃蒙特榛子调出独特的口味。肉桂、肉豆蔻、丁香都可作为一款简单的可可海绵蛋糕的调味香料，可以带来全新感受。

内馅

通常选择巧克力奶油、香草奶油或糖霜奶油。特殊口味可添加橙皮或金橘、果味调味酒、可可豆、超细榛子或杏仁粉，还可更大胆地选择苦杏仁、樱桃、焦糖或咖啡卡仕达馅。

表层面皮

可采用纯粹的、未调味的白色糖皮，或者完美、柔滑的白巧克力面皮。蛋糕点缀以入口即化的糖制水晶装饰。用精美无瑕的蛋白糖霜装饰松果或打造字母、单词。

任意组合

第九章
有关蛋糕的礼仪

切蛋糕的时刻意义非凡，可以说是新人走向新生活的起点。即使今时今日大部分新人已经不以婚礼仪式为两人生活的起点了，但这项传统仍然值得去维护，因为正是切蛋糕的动作使婚礼的浪漫升华。在这个婚礼的高潮时刻，所有人的目光、每一台照相机的闪光灯都将定格这幅激动人心的画面：幸福的新娘新郎正准备切下第一块婚礼蛋糕。

接下来，我们就介绍几项切蛋糕的优雅礼仪。

场所的选择。千万不能将蛋糕草率地从厨房里端出来，随意地派给宾客。即使新娘在婚礼筹备阶段日理万机，也最好抽出时间与婚礼的宴席承办方以及婚宴大堂经理讨论并安排好蛋糕出场的时机、场所、周围的布置和装饰，以及分发蛋糕的服务。蛋糕摆放的位置可以选定婚礼仪式桌附近的静谧一角或者户外，如在花园的一角安置一座小巧的白色婚礼亭，将蛋糕摆放其中。音乐更是至关重要，需要新娘新郎的耐心交流与挑选。

蛋糕的高度颇具意义。即使小型婚宴所需的小尺寸多层蛋糕，也有必要关注其高度和宽度之间的比例。为蛋糕选合适的尺寸，按需装饰丝缎或薄纱。每一个细节都不容忽视。将蛋糕安置在蛋糕托盘上之后，可以做一次切蛋糕的演习，以确保下刀的位置完美适中。新娘新郎在蛋糕旁的剪影应与蛋糕相应生辉：记忆将在此刻定格，并被收入相框珍藏起来。

如何切蛋糕。切蛋糕通常使用银质刀具。有的新人会从伴郎伴娘或父母那里收到分蛋糕用的银质蛋糕铲作为礼物，蛋糕铲上刻有新人名字首字母。按照传统，刀具是不能作为礼物赠送的，因为刀刃意味着对友谊或爱情的破坏，自然对婚姻关系有着糟糕的暗示。然而当

某位出格的朋友不巧赠送了蛋糕切刀或其他刀具时，便可以用"付钱"的方式解决——一分钱便可轻而易举地打破魔咒，逆转"破裂"的关系。切蛋糕时，新娘新郎并肩而站，双双用右手握住切刀。新郎的右手盖在新娘的右手之上，新娘的手心接触刀柄。新郎引导着新娘切下蛋糕后，由新娘用蛋糕铲将第一片蛋糕摆于盘上。按照传统，吃蛋糕是新人共同进餐的第一步。新郎在新娘的邀请下品尝第一片蛋糕，随后由新郎用同一个餐叉喂新娘吃下一口蛋糕。

仪式完成后，服务生切下第二片蛋糕，并由新娘呈给婆婆。第三片蛋糕将由新郎呈到岳母面前。其余的部分在新郎新娘的两位父亲品尝后，端于所有宾客分享。

甜品盘和甜品叉。婚礼蛋糕所用的餐盘和刀叉应与婚礼的整体风格保持一致，同时在造型和颜色上有所区分。它们的尺寸和形状以甜品为主题，而用料建议采用寓意婚礼完美无瑕的银质餐具：借用其纯洁、高雅和传统的特质。餐盘也建议使用色彩斑斓和图案多样的款式，唯一的难点是餐盘的风格需要对应切片蛋糕的外观。我们建议在选定蛋糕内馅之前，考虑一下内馅的配色与餐盘的搭配，确保两者和谐无间。

切蛋糕作为开启两人
新生活的仪式，意义
非凡，值得用心巧妙
构思。

幕后篇

制作一款多层婚礼蛋糕绝不是一件信手拈来的容易事。

为新娘量身定做一款外形高端、细节精致、内馅柔软可口的蛋糕，往往是多人协作和努力的结果。婚礼蛋糕造型师和烘焙大师是这些人中的灵魂人物，再添上几位助手的助力，便能够将最飘渺的梦想变为现实。

如果婚宴承办方并没有能力为婚礼提供专业的蛋糕设计服务，那么将婚礼蛋糕委托给其他专业人士操办是完全合理的。本书既勾画出婚礼蛋糕的梦想款式，又希望成为一本婚礼指南，为您的蛋糕设计提供灵感。

婚礼蛋糕的幕后篇首先要感谢一位有着鲜明个性和艺术风格的蛋糕造型师，她不仅设计婚礼蛋糕，还为许多庆典活动准备蛋糕。她就是*Donatella Lorato*。*Donatella*在美国完成专业技术的学习后，成立了意大利第一个蛋糕高级定制品牌*CakeCouture*，并使品牌凭借独树一帜的创意、烘焙与时尚之间完美结合而享誉世界。在*Donatella*的指导和建议之下，意大利烘焙大师们让每款独特和精美的作品重现生机，正如书中所展示的蛋糕一样。这些出色的婚礼蛋糕有着翻糖皮制作的褶皱，巧克力层如珍稀布料般轻柔包裹着蛋糕，巧克力花朵被精巧地一瓣瓣手工雕刻出来，每朵都注入了*Donatella*无与伦比的时髦设计气息：胸针、珠饰、有棱角的大钻石，这些让蛋糕熠熠生辉。蛋糕细节常常借用时尚配饰和新娘礼服中所用的精巧点缀，打造标新立异的效果。每款蛋糕无不拥有一个故事、一个设计理念，以及无数让其趋向完美的修改。书中每一页为新人精心打造的指南，将成为新人寻找心中完美蛋糕的灵感之源。

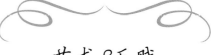

艺术&天赋

　　今时今日每位高级蛋糕烘焙师都有着艺术家的一面，同时又承担了建筑师和美食家的角色。他们将现代蛋糕装饰艺术融会贯通，在采纳蛋糕设计师的设计与新人愿望的同时，不断开拓想象力，将准新娘梦想中的多层蛋糕幻化为现实。

图书在版编目（CIP）数据

婚礼蛋糕／（意）达拉·佐尔扎（dalla Zorza，C.），
（意）沙克特（Schachter，M.）著；孙晓丹译. —北京：中
国轻工业出版社，2018.7

ISBN 978-7-5184-1886-2

Ⅰ.①婚…　Ⅱ.①达…②沙…③孙…　Ⅲ.①蛋糕–糕
点加工　Ⅳ.①TS213.2

中国版本图书馆 CIP 数据核字（2018）第 042578 号

责任编辑：钟　雨　　　　责任终审：劳国强　　整体设计：锋尚设计
策划编辑：李亦兵　伊双双　责任校对：李　靖　　责任监印：张　可

出版发行：中国轻工业出版社（北京东长安街6号，邮编：100740）
印　　刷：北京富诚彩色印刷有限公司
经　　销：各地新华书店
版　　次：2018年7月第1版第1次印刷
开　　本：889×1194　1/16　印张：14.75
字　　数：150千字
书　　号：ISBN 978-7-5184-1886-2　定价：128.00元
邮购电话：010-65241695
发行电话：010-85119835　传真：85113293
网　　址：http://www.chlip.com.cn
Email：club@chlip.com.cn
如发现图书残缺请与我社邮购联系调换
161238S1X101ZYW